設計のための
基礎電子回路
Electronic Circuit

辻　正敏 著

森北出版株式会社

●本書のサポート情報を当社Webサイトに掲載する場合があります．
下記のURLにアクセスし，サポートの案内をご覧ください．

https://www.morikita.co.jp/support/

●本書の内容に関するご質問は，森北出版 出版部「(書名を明記)」係宛
に書面にて，もしくは下記のe-mailアドレスまでお願いします．なお，
電話でのご質問には応じかねますので，あらかじめご了承ください．

editor@morikita.co.jp

●本書により得られた情報の使用から生じるいかなる損害についても，
当社および本書の著者は責任を負わないものとします．

■本書に記載している製品名，商標および登録商標は，各権利者に帰属
します．

■本書を無断で複写複製（電子化を含む）することは，著作権法上での
例外を除き，禁じられています．複写される場合は，そのつど事前に
(一社)出版者著作権管理機構（電話03-5244-5088，FAX03-5244-5089，
e-mail：info@jcopy.or.jp）の許諾を得てください．また本書を代行業者
等の第三者に依頼してスキャンやデジタル化することは，たとえ個人や
家庭内での利用であっても一切認められておりません．

まえがき

「自分で何かを設計し，それを製作したい」これは，エンジニアを目指す多くの人が望むことです．電子回路は，電子部品を使ってものづくりをすることを目的としており，その点で製作の想いを叶えてくれる学問といえるでしょう．

回路を設計するのは，初心者にとって難しいことのように思えるかもしれませんが，つぎのように学んでいけば，誰もが回路設計を行うことができるようになります．

まず，基本回路のしくみをよく理解します．回路には電源回路，整流回路，増幅回路など，その用途に応じていろいろな回路がありますが，それらの回路のもっともシンプルな基本回路をよく理解することが大切です．

つぎに，それに関する多くの問題を自分で解きます．自力で計算や解析をする中で電子回路の理解を深めることができ，知識が定着します．

最後に，設計した回路を実際に製作，評価して学んだ知識を確実なものにします．

これらの学習の繰り返しにより，電子部品を活用する設計能力や応用回路を読み解く能力が養われます．

本書は，こうした考えに基づき，はじめて電子回路を学ぶ方が簡単な回路を設計できるようになるように，つぎの内容で書かれています．

- ・難易度の低い，シンプルな回路を取り上げます．そして，難しい計算はなるべく使わずに多くの図を使って解説します．
- ・実用的な回路を取り上げます．学んだ知識がすぐに実践の設計・製作で使えます．
- ・電子回路を理解するうえで重要なポイントには，それに関する例題を用意しました．節末には問題をおき，学習した知識の確認や演習ができるようにしました．

学んだ知識から独自の回路を作り，それが動作したときは，何ものにも代えがたいほどの喜びと感動があります．本書により，電子回路のおもしろさや設計・製作の喜びを知ることができるよう願っています．そして，一人でも多くの電子回路設計者が誕生することを期待しています．

本書の執筆にあたり，香川高等専門学校の森本敏文名誉教授より貴重なご意見をいただきましたことをお礼申し上げます．

2017 年 7 月

著　　者

目　次

第1章　ダイオード回路 ——————————————————————— 1
1.1　ダイオードの基本特性　2
1.2　ダイオード回路の作図による解法　5
1.3　ダイオード回路の近似モデルによる解法　10
1.4　整流回路　15
1.5　定電圧回路（基礎編）　21
1.6　ダイオードを用いた応用回路　28

第2章　トランジスタ回路 ———————————————————— 33
2.1　トランジスタの特性　34
2.2　トランジスタ回路の解法　39
2.3　スイッチング回路　42
2.4　バイアス計算　51

第3章　増幅回路（基礎編） ————————————————————— 57
3.1　増幅回路の作図による解法　58
3.2　固定バイアス増幅回路　64
3.3　交流負荷　69

第4章　増幅回路（実用編） ————————————————————— 73
4.1　h パラメータ　74
4.2　小信号等価回路　79
4.3　デシベル計算　85
4.4　自己バイアス増幅回路　89
4.5　電流帰還バイアス増幅回路　94

第5章　オペアンプ（基礎編） ———————————————————— 99
5.1　オペアンプの基本動作　100
5.2　電圧比較回路　104
5.3　非反転増幅回路　106
5.4　反転増幅回路　113
5.5　加算回路と減算回路　117

第6章　オペアンプ（実用編） ——————————————————— 123
6.1　同相入力電圧範囲　124

目 次 iii

6.2 単電源動作の非反転増幅回路　128
6.3 単電源動作の反転増幅回路　131
6.4 コンパレータ　135

第7章　フィルタ回路 ──────────────────────────── 143
7.1 RC フィルタ　144
7.2 オペアンプを用いたフィルタ　151

第8章　エミッタフォロア ──────────────────────── 161
8.1 エミッタフォロアの入力インピーダンス　162
8.2 エミッタフォロアの出力インピーダンス　167

第9章　定電圧回路（実用編） ──────────────────── 171
9.1 実用的な定電圧回路と三端子レギュレータ　172

第10章　電力増幅回路 ──────────────────────────── 179
10.1 PNP トランジスタ　180
10.2 プッシュプル電力増幅回路　186

第11章　変調回路と復調回路 ──────────────────── 193
11.1 トランス　194
11.2 変調のしくみ　199
11.3 振幅変調回路と復調回路　205

第12章　発振回路 ──────────────────────────────── 213
12.1 発振回路の基礎　214
12.2 コルピッツ発振回路と水晶発振回路　218
12.3 パルス発振回路　225

第13章　MOS FET ──────────────────────────────── 229
13.1 MOS FET の基礎　230
13.2 MOS FET を用いたスイッチング回路　233

問題解答 ── 239
索　引 ── 247

第 **1** 章

ダイオード回路

　ダイオードは，電流を一方方向にのみ流す半導体である．電子機器内では，交流を直流に変換したり，安定な電圧を生成したりするさまざまな回路に用いられる重要な素子である．

　この章では，はじめにダイオードの特性を説明し，つぎに，作図や近似モデルを用いてダイオード回路を解析する手法について説明する．そして，最後にダイオードを用いた実用回路について説明する．

　ダイオード回路の理解は，後に出てくるトランジスタ回路を理解する基礎となる．

1.1 ダイオードの基本特性

ここでは，ダイオードの基本特性やスイッチとしての動作，そして静特性について説明する．

ダイオードは整流回路（1.4節），定電圧回路（1.5，9.1節），逆接続保護回路（1.6節），論理回路（1.6節），復調回路（11.3節）など多くの回路で用いられる．

1 基本事項

ダイオードは，図1.1(a)に示すように，P型とN型の半導体が接合したものである．P型半導体側の端子を**アノード**(A)，N型半導体側の端子を**カソード**(K)という．回路記号を図1.1(b)に示す．

実際のダイオードの写真を図1.2に示す．向きがわかるように，カソード側にマークが付けられている．

ダイオードの形状にはディスクリートタイプと表面実装（チップ）タイプがある．ディスクリートタイプはリード線が付いており，試作のときに基板に装着しやすい．一方，表面実装タイプは小型であるとともに，基板の表裏両面に実装できるため，実装面積を小さくすることができる．

（a）構造

（b）回路記号

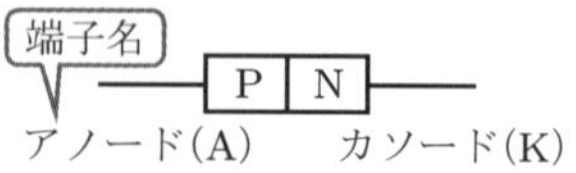

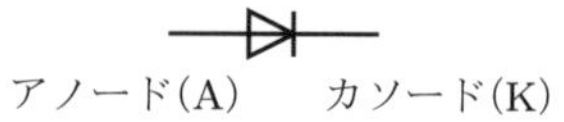

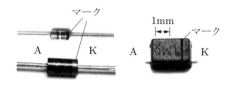

図1.1 ダイオードの回路記号と構造

（a）ディスクリートタイプ　（b）表面実装タイプ

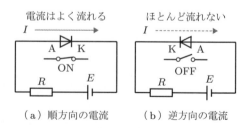

図1.2 実際のダイオード

2 基本動作

図1.3は，ダイオードに抵抗 R と直流電源 E を接続した回路である．図1.3(a)のように，アノード側にプラス電圧を加えた場合，電流 I はよく流れる．しかし，図1.3(b)のように，ダイオードの向きを変えて電圧を加えた場合，電流はほとんど流れない．このように，ダイオードはアノードからカソード方向（順

（a）順方向の電流　（b）逆方向の電流

図1.3 ダイオードの整流作用とスイッチング作用

方向）に電流をよく流すが，カソードからアノード方向（逆方向）にはほとんど電流を流さない特性をもつ．この 1 方向のみ電流を流す作用を**整流作用**という．

整流作用により，ダイオードは図 1.3(a) のとき ON，図 1.3(b) のとき OFF となるスイッチに置き換えて考えることができる．このダイオードのスイッチとしてのふるまいを**スイッチング作用**という．

3　ダイオードの静特性

ダイオード単体の直流電圧-電流特性をダイオードの**静特性**という．図 1.4 の黒線は一般的によく使われるシリコンダイオード（本書ではダイオードと省略）の静特性である．右半分のグラフは図 1.4 中 (a) の回路で，左半分のグラフは図 1.4 中 (b) の回路で測定されたものである．

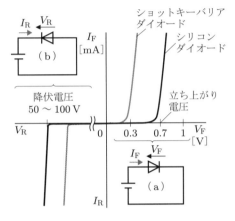

図 1.4　ダイオードの静特性

▶ **順方向特性**　図 1.4(a) の回路のダイオードに電圧を加えると，0.6 ～ 0.75 V 以下では電流はほとんど流れないが，それ以上では急に流れ始める．この電流が流れる方向に加える電圧 V_F を**順方向電圧**，そこに流れる電流 I_F を**順方向電流**という．また，順方向で電流が急に流れ始める電圧を**立ち上がり電圧**とよぶ．

▶ **逆方向特性**　図 1.4(b) の回路のダイオードに電圧を加えると，電流はほとんど流れない．この方向に加える電圧 V_R を**逆方向電圧**，そこに流れる電流 I_R を**逆方向電流**という．逆方向電圧を上げていくと，50 ～ 100 V 程度で急に電流が流れ始める．この電圧を**降伏電圧**という．

▶ **ショットキーバリアダイオード**　シリコンダイオードのほかによく使われるダイオードとしてショットキーバリアダイオードがある．回路記号を図 1.5 に示す．ショットキーバリアダイオード（SBD）の静特性は，図 1.4 の灰色の線のようになる．ショットキーバリアダイオードは，立ち上がり電圧が 0.3 V 程度と低いのが利点である．欠点は，シリコンダイオードと比較すると逆方向電流が大きく，降伏電圧が低いことである．

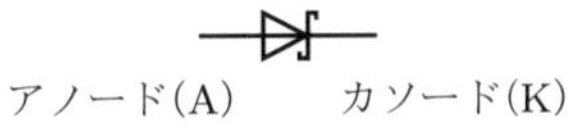

図 1.5　ショットキーバリアダイオードの回路記号

4 線形特性と非線形特性

図1.6は，抵抗とコンデンサに電源を加えた回路とその電圧 - 電流特性である．グラフからわかるように，加える電圧 $V(v)$ と素子に流れる電流 $I(i)$ は比例する．このような特性を**線形特性**といい，このような素子を**線形素子**という．

一方，ダイオードの電圧 - 電流特性は，図1.4に示したように，電圧と電流は比例しない．このような特性を**非線形特性**といい，このような素子を**非線形素子**という．

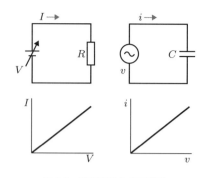

図1.6 線形素子と線形特性

なお，本書では，交流信号は変数などを小文字で表す．たとえば，電圧は v，電流は i となる．

■ 問題

1.1-1【ダイオードの基本事項】つぎの問いに答えなさい．
(1) P型，N型半導体の場所を図1.7(a)に示し，また，方向に注意してダイオードの回路記号を描きなさい．
(2) アノード端子，カソード端子の場所を図1.7(a)に示しなさい．
(3) 図1.7(a)に電流の流れる方向を矢印で示しなさい．
(4) ディスクリートタイプと表面実装タイプの特徴を述べなさい．
(5) ダイオードが用いられる回路名を挙げなさい．

1.1-2【静特性】シリコンダイオードの静特性のグラフを図1.7(b)に描きなさい．降伏電圧は100Vとする．

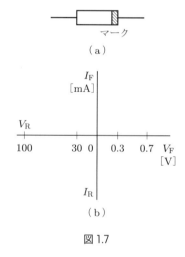

図1.7

1.1-3【線形と非線形】つぎの素子の中から非線形素子を選びなさい．
①抵抗　②コンデンサ　③コイル　④ダイオード

1.1-4【ショットキーバリアダイオード】ショットキーバリアダイオードについてのつぎの問いに答えなさい．
(1) 回路記号を描き，その静特性のグラフを図1.7(b)に描きなさい．降伏電圧は30Vとする．
(2) シリコンダイオードと比較して，その特性の利点と欠点を述べなさい．

1.2 ダイオード回路の作図による解法

ここでは，静特性を用いた作図によるダイオード回路の解法について説明する．作図による解法は，ダイオードに加わる電圧とそこに流れる電流の関係を視覚的に確認できるため，ダイオードの動作を理解するのに役立つ．

1 静特性を用いた解法

図 1.8 に示すダイオードに直流電圧 $V_1 = 0.63\,\mathrm{V}$ と交流電圧 $v_1 = 0.03\,\mathrm{V}$ が加わったとき，そこに流れる電流 I_1 を求めてみよう．

▶ **解法手順** ダイオードの静特性（図1.9）を用いて，作図して I_1 を求める手法を以下に解説する．

① 【電源電圧を求める】直流電圧 V_1 と交流電圧 v_1 の合成電圧 V_2 を求める．V_2 は，図 1.8 で示すように V_1 と v_1 を足し合わせた電圧値である．

② 【V_2 を静特性上に描く】電圧 V_2 は，ダイオードに直接加わるため，ダイオードの順方向電圧 V_F になる（$V_2 = V_\mathrm{F}$）．グラフの横軸 V_F の下に電圧波形 V_2 を描く．これは，ダイオードが ○，×，△，□，◇ と時間的に変化する V_2 の電圧で動作することを意味する．

③ 【静特性より I_1 を求める】ダイオードに流れる電流 I_1 を静特性を使って求める．静特性の右側に示した電流波形 I_1 は，V_2 の各電圧点（○，×，△，□，◇）を電流に変換した後，各電流点をつなぎ合わせたものである．

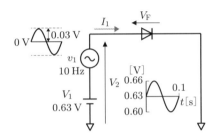

図 1.8 ダイオードに加わる電圧

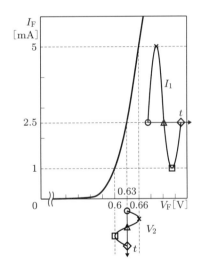

図 1.9 静特性と作図による解法

▶ **ダイオードに流れる電流波形** 加えられた電圧 V_2 の交流成分は正弦波であるのに対し，電流 I_1 の波形は上下非対称である．このような正弦波が変形した波形を**ひずみ波**という．正弦波の信号を非線形素子に加えると，そこに流れる電流はひずみ波となる．

なお，図 1.8 のように，半導体などの回路素子に加える直流電圧 V_1 を**バイアス電圧**といい，バイアスを加えることを「バイアスをかける」という．

2 動特性を用いた解法

▶ **直流解析の解法手順**　図 1.10 は，ダイオード D_1 に抵抗 R_1 が直列に接続された回路である．図 1.11 に，ダイオード D_1 の静特性と直流電圧–電流（V_0–I 特性）を示す．この V_0–I 特性を**動特性**という．動特性の描き方はつぎのとおりである．

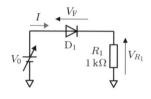

図 1.10　直流評価回路

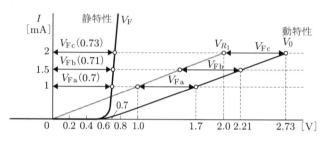

図 1.11　静特性と動特性

① 【V_{R_1}–I 特性をグラフに描く】電流 I が流れたときの抵抗に加わる電圧 V_{R_1} を求める．V_{R_1} は次式で求められる．

$$V_{R_1} = IR_1 \tag{1.1}$$

図 1.11 に式 (1.1) より作図した V_{R_1} を灰色の線で示す．

② 【各電流値において V_F と V_{R_1} の電圧を足す】電流 I が流れたときの電圧 V_0 は，ダイオードの順方向電圧 V_F と V_{R_1} を加えた値であり，次式で求めることができる．

$$V_0 = V_F + V_{R_1} \tag{1.2}$$

式 (1.2) より，V_0 は各電流点（$I = 1, 1.5, 2$ mA）の V_{R_1} に静特性の電圧（V_{Fa}, V_{Fb}, V_{Fc}）を加えて求められる．動特性は各電流点の V_0 をつないだものである．また，V_0 が負電圧のときは D_1 が逆方向電圧となるため，$I = 0$ A である．

▶ **交流解析の解法手順**　図 1.12(a) は，図 1.10 の回路に交流電圧 v_1 を追加した回路である．バイアス電圧 V_1 が 2.21 V のときと 0 V のときの電流 I_1 と V_{R_1} をそれぞれ求める．

〈V_1 が 2.21 V のとき〉　回路に加わる電圧 V_2 は，V_1 と v_1 を合わせた値である．図 1.12 (b) は，図 1.11 で作成した動特性である．V_2 を横軸の下側に示す．回路に流れる電流 I_1 は，図 1.12(b) の V_2 と動特性より作図して求めることができる．求めた電流波

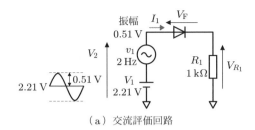

（a）交流評価回路

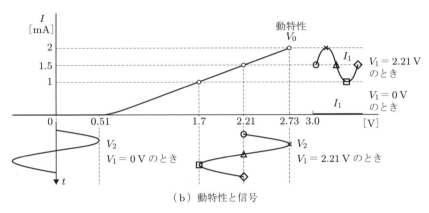

（b）動特性と信号

図 1.12 ダイオードの交流解析

形 I_1 を動特性の右側に示す．V_2 のピークは計算上 $2.21 + 0.51 = 2.72$ V であるが，図 1.12(b) のグラフでは近似値である 2.73 V としてある．

図 1.12(b) の I_1 の波形は，図 1.9 と比較するとひずみが小さい．これは，ダイオードを動特性の線形特性に近いところで動作させているためである．

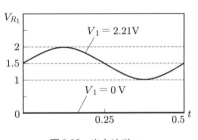

図 1.13 出力波形 V_{R_1}

$V_1 = 2.21$ V ときの V_{R_1} の波形を図 1.13 に示す．V_{R_1} は，式 (1.1) より求めることができる．

〈V_1 が 0 V のとき〉 図 1.12(b) に示すように，$V_1 = 0$ V のとき V_2 の最大値 0.51 V は，動特性 V_0 の立ち上がり電圧より低いため，回路電流 I_1 はゼロである．したがって，図 1.13 に示すように，V_{R_1} はゼロである．

▶ **アナログスイッチへの応用** 図 1.12(a) の回路は，V_1 を変えることで信号の出力を ON/OFF 制御することができることからアナログスイッチ回路として応用され，オーディオのミュート回路などに使われている．

■ 問題

1.2-1【静特性を用いた解法】 ダイオードの静特性のグラフが図1.14(a)のように与えられている．つぎの問いに答えなさい．
(1) 図1.14(b)において，バイアス電圧 $V_1 = 0.63$ V のときの V_2 の波形を描きなさい．
(2) ダイオードに流れる電流 I_1 を静特性より作図して求めなさい．
(3) $V_1 = 0.6$，0 V のときのダイオードに流れる電流 I_2, I_3 の波形を静特性より求めなさい．

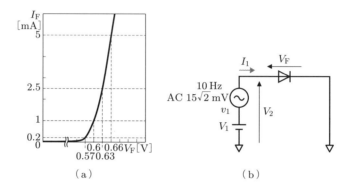

図1.14

1.2-2【演習問題】 図1.15のダイオードに加わる電圧 V_F と流れる電流 I の波形を描きなさい．信号 v は，振幅30 mV，周波数100 Hz とする．ダイオード特性は問題1.2-1の図1.14(a)を使うものとする．

1.2-3【動特性】 図1.16(a)の回路において V_0 を 0 V から 2.73 V まで変化させた．ダイオード D_1 の静特性は図1.16(b)に示されている．つぎの問いに答えなさい．

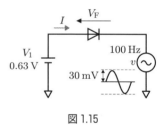

図1.15

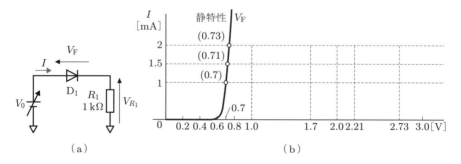

図1.16

(1) $V_{R_1} - I$ 特性を図 1.16(b) のグラフに描きなさい．
(2) 動特性 $(V_0 - I)$ を図 1.16(b) のグラフに描きなさい．

1.2-4【動特性を用いた解法】 図 1.17 の回路を，図 1.16(b) で作成した動特性を用いて求めなさい．

(1) バイアス電圧 $V_1 = 2.21\,\mathrm{V}$ のとき，抵抗 R_1 に流れる電流 I_1 を求めなさい．
(2) 抵抗 R_1 に加わる電圧 V_{R_1} を求めなさい．
(3) バイアス電圧 $V_1 = 0\,\mathrm{V}$ のとき，抵抗 R_1 に加わる電圧 V_{R_1} を求めなさい．

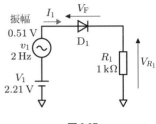

図 1.17

1.3 ダイオード回路の近似モデルによる解法

ここでは，はじめに理想ダイオードとダイオードの近似モデルについて説明する．その後，近似モデルを用いたダイオード回路の解法について説明する．この解法を用いると，ダイオードを含む難解な非線形回路を線形回路に置き換えて簡単に解析できる．

1 理想ダイオード

1.1 節で説明したように，実際のダイオードは順方向では約 0.7 V で，逆方向では降伏電圧で電流が流れる．ただ，回路の動作原理を考える際には，順方向であればわずかでも電圧を加えると電流が流れ，逆方向ではいくら電圧を加えても電流は流れないとした，実際には存在しない理想ダイオードとして考えることが多い．図 1.18 に理想ダイオードの評価回路とその静特性を示す．

この特性により，理想ダイオードは図 1.19 で示すように順方向電圧を加えると ON，逆方向電圧を加えると OFF になるスイッチとして考えることができる．

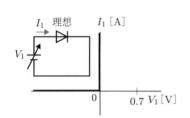

図 1.18　理想ダイオードの特性

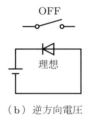

図 1.19　スイッチとして考えた理想ダイオード

2 ダイオードの近似モデルと静特性

図 1.20 は，通常のダイオードの静特性である．1.1 節で説明したように，ダイオードは非線形素子であるため，その回路の解析には手間がかかる．そこで，図 1.21(a)

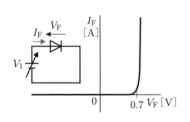

図 1.20　ダイオードの静特性

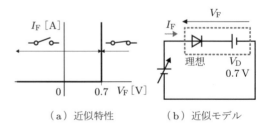

図 1.21　近似モデルと近似特性

のように，ダイオードの静特性を直線の近似特性に置き換えて考える．図 1.21(b) は，その特性をもつダイオードの近似モデルである．ダイオードの近似モデルは，理想ダイオードと 0.7 V の電源 V_D で構成される．この V_D が 0.7 V の立ち上がり電圧になる．図 1.21(b) において，順方向電圧 V_F が 0.7 V までは理想ダイオードが逆方向電圧となるため，理想ダイオードのスイッチは OFF となって電流は流れない．0.7 V 以上では順方向電圧となるため，スイッチは ON となって電流値は ∞ となる．ここで，V_D はダイオードの**降下電圧**とよばれ，電流がダイオードを流れたときにダイオードの端子間で降下する電圧である．この近似モデルを用いることでダイオード回路を簡単に解析することができる．

3 簡略化したダイオードの等価回路

図 1.22 は，左にダイオードの近似モデルを，右にその近似モデルをさらに簡略化したダイオードの等価回路を示したものである．近似モデルの端子間に加わる電圧 V_F' に応じて，等価回路は変わる．

図 1.22(a) のダイオードの近似モデルに 0.7 V 以上の順方向電圧 V_F' を加えたとき，理想ダイオードはスイッチ ON になる．その結果，ダイオードは 0.7 V の電源として考えることができる．

一方，図 1.22(b) のように，V_F' が 0.7 V より小さいときは，近似モデルの理想ダイオードはスイッチ OFF になる．その結果，ダイオードの端子間は開放（スイッチ OFF）として考えることができる．

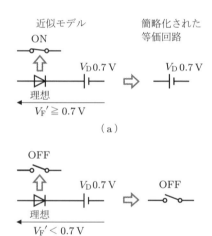

図 1.22　近似モデルと簡略化したダイオードの等価回路

4 回路内のダイオードを等価回路に変換する手順

図 1.23(a) のダイオード回路を例にして，ダイオードを等価回路に変換する手順を以下に示す．

① 図 1.23(b) に示すように，ダイオードを外した回路にしてダイオード間の電圧 V_F' を求める．

② ダイオードを外した端子間に順方向に 0.7 V 以上の電圧が加わるときは（$V_F' \geq 0.7$ V），図 1.23(c) のように，ダイオードを $V_D = 0.7$ V の電源に置き換える．0.7 V

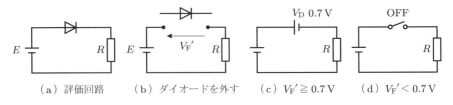

(a) 評価回路　(b) ダイオードを外す　(c) $V_F' \geq 0.7\,\mathrm{V}$　(d) $V_F' < 0.7\,\mathrm{V}$

図 1.23　ダイオードを等価回路に変換

より小さいときは（$V_F' < 0.7\,\mathrm{V}$），図 1.23(d) のように開放端子（スイッチ OFF）に置き換える．

例題 1.1　図 1.24 の回路の電源 E が以下のとき，電圧 V_1 と電流 I_1 を求めなさい．計算にはダイオードの近似モデルを用いることができ，降下電圧 V_D は 0.7 V とする．

(1) $E = 10\,\mathrm{V}$　　(2) $E = 0.3\,\mathrm{V}$

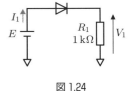

図 1.24

答え　(1) 図 1.23(b) のように，ダイオードを外した際の両端電圧 V_F' は 10 V である．したがって，ダイオードは，図 1.23(c) のように 0.7 V の電源に置き換えられる．V_1 と I_1 はつぎのように求められる．

$$V_1 = E - V_D = 10 - 0.7 = 9.3\,\mathrm{V}, \quad I_1 = \frac{V_1}{R_1} = \frac{9.3}{1 \times 10^3} = 9.3\,\mathrm{mA}$$

(2) $V_F' = 0.3\,\mathrm{V}$ であり，ダイオードは図 1.23(d) のようにスイッチ OFF に置き換えられる．よって，つぎのように求められる．

$$I_1 = 0\,\mathrm{A}, \quad V_1 = 0\,\mathrm{V}$$

■ 問題

1.3-1【理想ダイオード】 D_1 は理想ダイオードである．図 1.25 の二つの回路の V_1 - I_1 特性をグラフに描きなさい．

1.3-2【ダイオードの近似モデルと等価回路】 つぎの問いに答えなさい．
(1) ダイオードの近似特性と近似モデルを描きなさい．
(2) 近似モデルの両端に加わる電圧 V_F' が以下の条件のときの等価回路を描きなさい．
　① $V_F' \geq 0.7\,\mathrm{V}$　② $V_F' < 0.7\,\mathrm{V}$

1.3-3【近似モデルを用いた解析】 図 1.26 の回路の電源 E が以下の場合の

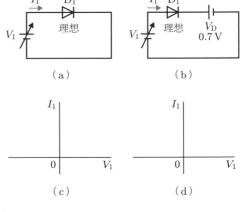

図 1.25

等価回路を描き，電圧 V_1 と電流 I_1 を求めなさい．降下電圧 V_D は 0.7 V とする．
　① $E = 5$ V　② $E = 0.4$ V

1.3-4【演習問題】 図 1.27 の各回路の電圧 V_1 と電流 I_1, I_2 を求めなさい．計算にはダイオードの近似モデルを用いることができ，降下電圧 V_D は 0.7 V とする．

〈ヒント〉 R_1 に流れる電流を I_{R_1}, R_2 に流れる電流を I_{R_2} とする．
(3), (4) $V_F' \geqq 2V_D$ のときダイオードに電流が流れる．
(5) 並列接続のダイオード間の電圧は V_D となる．
(8) ダイオードは V_D の電圧源として動作する．
(9) ダイオードはスイッチ OFF として動作する．
(12) R_1 に加わる電圧は V_D, $I_{R_2} = (E-V_D)/R_2$, $I_{R_1} = V_D/R_1$, $I_1 = I_{R_2} - I_{R_1}$.
(13) $V_1 = V_D + R_1 I_0$, $I_{R_2} = V_D/R_2$, $I_1 = I_0 - I_{R_2}$.
(14) $V_F' < V_D$.
(15) $I_{R_1} = V_1/R_1$, $I_{R_2} = (V_1 - V_D)/R_2$, $I_0 = I_{R_1} + I_{R_2}$.

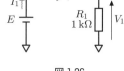

図 1.26

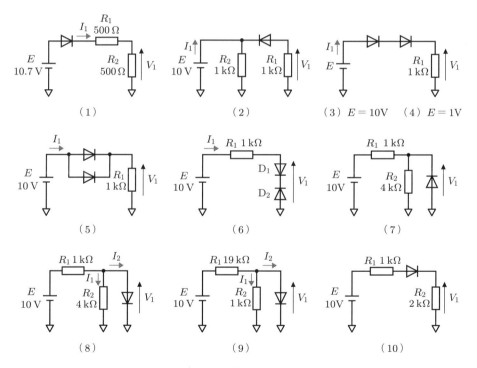

図 1.27

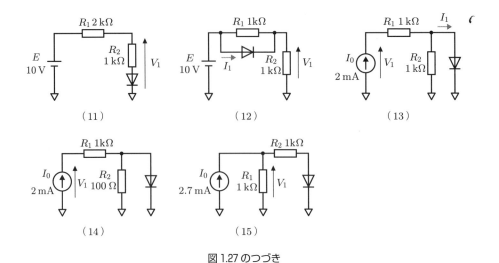

図 1.27 のつづき

1.3-5 【演習問題】図 1.28 の各回路の E-I_1 特性のグラフを描きなさい．電源 E は指定された値で変化し，ダイオードの降下電圧 V_D は $0.7\,\mathrm{V}$ とする．

〈ヒント〉
(1) $-1 \leqq E < 0.7\,\mathrm{V}$ のとき，$I_1 = 0$．$E \geqq 0.7\,\mathrm{V}$ のとき，$I_1 = (E - V_D)/R_1$．
(2) $0 \leqq E < 0.7\,\mathrm{V}$ のとき，$I_1 = E/V_{R_1}$．$E \geqq 0.7\,\mathrm{V}$ のとき，$I_1 = \infty$．
(3) R_1 に流れる電流 I_{R_1} と R_2 に流れる電流 I_{R_2} をそれぞれ求める．$I_1 = I_{R_1} + I_{R_2}$．

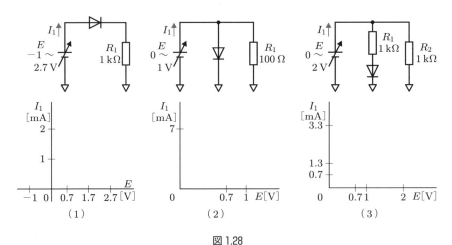

図 1.28

1.4 整流回路

ここでは，ダイオードを用いた実用回路として整流回路を説明する．整流回路は交流を直流に変換する回路であり，その種類は，半波整流回路と全波整流回路がある．整流回路は，家庭用の交流電源を直流電圧に変換する AC アダプターなど，身近な電子機器で使われている．

1 半波整流回路（図 1.29）

▶ **特徴と構成**　交流電源 v_{in} の上半分（プラス部分）のみを負荷 R_L に加えるはたらきをする回路を半波整流回路という．半波整流回路は，一つのダイオードが含まれる簡単な回路で構成される．図中の R_L は負荷（電子機器の抵抗）である．しくみを理解しやすくするために，ダイオードは理想ダイオードとする．入力電圧 v_{in} は $10\,V_p$ とする．単位［V_p］は，ピーク電圧（振幅）を表す．

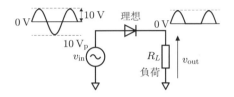

図 1.29　半波整流回路

図 1.30 は，半波整流回路の入出力の波形である．入力電圧 v_{in} が破線，出力電圧 v_{out}（負荷に加わる電圧）が実線である．

▶ **動作**　理想ダイオードをスイッチとして考えると，図 1.30①の入力がプ

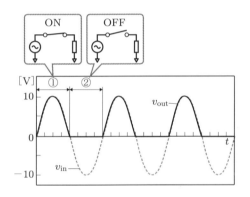

図 1.30　半波整流回路の入出力波形

ラスの箇所ではダイオードに順方向で電圧が加わるため，スイッチは ON となる．そのとき，v_{in} が R_L に直接加わり，v_{out} は v_{in} と同じになる．

図 1.30②の箇所ではダイオードに逆方向電圧が加わるため，スイッチは OFF となる．R_L には電流が流れず，v_{out} はゼロとなる．

2 平滑コンデンサを追加した半波整流回路

図 1.30 で示したように，ダイオードのみの整流回路では直流に変換することはできない．そこで図 1.31 に示すように，コンデンサ C を追加する．これにより v_{out} を直流に近い波形にすることができる．このコンデンサを**平滑コンデンサ**という．図 1.32 は，平滑コンデンサが追加された整流回路の入出力波形である．

▶ **動作**　図 1.31 の平滑コンデンサを追加した整流回路のしくみを図中の①から⑤の順に解説する．C の初期電圧は 0 V とする．

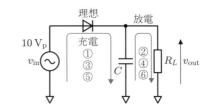

図 1.31　平滑コンデンサを追加した半波整流回路

① 電源電圧 v_{in} は時間とともに上昇する．図 1.32 の v_{in} は C の充電電圧 v_{out} より高くなり，ダイオードに順方向電圧が加わる．理想ダイオードのスイッチは ON となり，電流は電源より C に流れる．電荷が C に充電され，v_{out} は v_{in} と等しくなる．

② 電源電圧 v_{in} は下がるのに対して，v_{out} は C にチャージされた電荷により，その電圧は保持される．v_{out} は v_{in} より高くなり，ダイオードはスイッチ OFF となる．C に充電された電荷は，R_L に流れてゆっくり放電し，v_{out} は徐々に低下する．

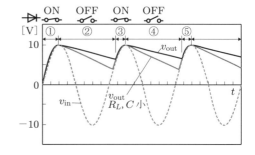

図 1.32　平滑コンデンサを挿入した半波整流回路の入出力波形

③ 電源電圧の上昇によりダイオードは再びスイッチ ON となり，$v_{in} = v_{out}$ となる．

④，⑤ これ以降は，②と③の繰り返しである．C が充放電を繰り返す結果，v_{out} は図のように変動する．この変動成分を**リップル**という．図の灰色の線は，C または R_L の値を小さくした際のリップルである．このとき，リップルは大きくなる．

3 全波整流回路（図 1.33）

▶ **特徴と構成**　交流電源 v_{in} のマイナス側の波形をプラスに反転して負荷 R_L に加える回路を全波整流回路という．全波整流回路は，四つのダイオードをブリッジ状に配置した回路（ブリッジ回路）で構成され，半波整流回路よりリップルを小さくできる．

図 1.34 は全波整流回路の入出力波形である．出力波形 v_{out} を，平滑コンデンサ C がありとなしの場合で示す．

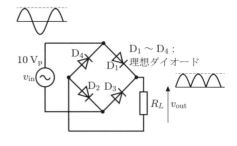

図 1.33　全波整流回路

▶ 動作

図 1.35 の回路で電流経路を考える．ダイオードは理想ダイオードとする．図 1.35(a) は v_{in} がプラスのとき (T_1) の電流経路である．信号源より出力された電流は $D_1 \to R_L \to D_2$ を通って信号源に戻る．図 1.35(b) は，v_{in} がマイナスのとき (T_2) の電流経路である．電流は $D_3 \to R_L \to D_4$ を通って信号源に戻る．どちらも R_L に対して同じ方向に電流が流れるため，v_{out} は図 1.34 の黒色の破線（C なし）のように全波形がプラスとなる．

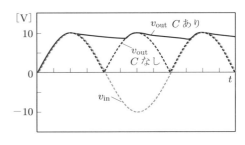

図 1.34 全波整流回路の入出力波形

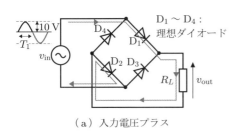

(a) 入力電圧プラス　　　　(b) 入力電圧マイナス

図 1.35 全波整流回路の電流経路

▶ 平滑コンデンサの追加

図 1.36 は，平滑コンデンサ C を追加した全波整流回路である．図 1.34 の実線（C あり）にその v_{out} を示す．C で放充電が繰り返され，v_{out} は直流に近い波形となる．全波整流回路は，半波整流回路で捨てていたマイナス側の波形も利用して C を充電するため，半波整流回路よりリップルは小さくなる．

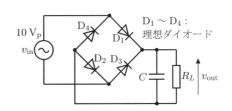

図 1.36 平滑コンデンサを追加した全波整流回路

4 電圧降下

これまで，整流回路は理想ダイオードを用いていたため，v_{out} のピーク値は v_{in} と同じだったが，実際の v_{out} はダイオードによる電圧降下のため，v_{in} より低くなる．

▶ **半波整流回路** 図1.37は，図1.31の半波整流回路の理想ダイオードを実際のダイオードに変えたときの入出力波形である．黒色の破線は C がないとき，実線は C があるときの v_out の波形である．v_out のピークは v_in より V_D だけ低くなる．

▶ **全波整流回路** 図1.36の全波整流回路に，実際のダイオードを用いた場合の入出力波形を図1.38に示す．全波整流回路では，信号は二つのダイオードを通るため，v_out は v_in より $2V_D$ だけ小さくなる．

▶ **電圧降下の影響と対策** 家庭用電源（AC100 V）のような大きな電圧の v_in では，ダイオードの電圧降下の影響を無視して考えることができる

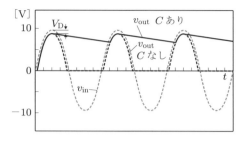

図1.37 半波整流回路の電圧降下

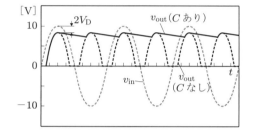

図1.38 全波整流回路の電圧降下

が，v_in が小さい値の場合は，その影響が大きくなくなる．そのため，v_in が小さいときは電圧降下の小さいショットキーバリアダイオードが用いられる．

■ **問題**

1.4-1【半波整流回路】図1.39(a)，(b)の二つの回路の出力電圧 v_out を図1.39(c)に描きなさい．入力電圧 v_in は 10 V_p，100 Hz の正弦波である．ダイオードは理想ダイオードとし，コンデンサ C の初期電圧はゼロとする．

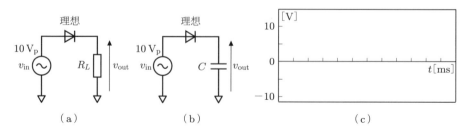

図1.39

1.4-2【平滑コンデンサを追加した半波整流回路】図1.40の回路の入力電圧 v_in は，10 V_p の正弦波である．ダイオードは理想ダイオードとする．つぎの問いに答えなさい．

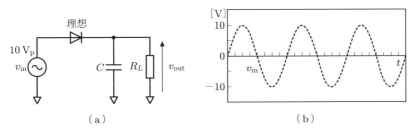

図 1.40

(1) 出力電圧 v_{out} を図 1.40(b) に描きなさい．
(2) 抵抗値 R_L を小さくしたときの v_{out} の波形の変化を描きなさい．

1.4-3【全波整流回路】 図 1.41 においてつぎの問いに答えなさい．平滑コンデンサ C は接続されていないものとする．
(1) ①信号 v_{in} がプラス電圧のとき (T_1)，および②信号 v_{in} がマイナス電圧のとき (T_2) の電流の流れを図 1.41(a) に描きなさい．
(2) v_{out} の波形を描きなさい．
(3) 平滑コンデンサ C を抵抗と並列に追加したときの v_{out} の波形を描きなさい．

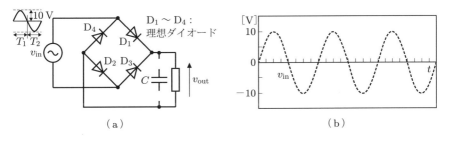

図 1.41

1.4-4【電圧降下の影響】 つぎの問いに答えなさい．
(1) 以下の整流回路にシリコンダイオードを用いたときの出力電圧 v_{out} を図 1.42 に描きなさい．平滑コンデンサ C がない場合と，ある場合を描くこと．ダイオードの降下電圧は，$V_D = 0.7\,\mathrm{V}$ とする．
　① 図 1.40(a) の半波整流回路　　② 図 1.41(a) の全波整流回路（C を付けて）
(2) 整流回路の電圧降下の影響を少なくするために用いられるダイオードを答えよ．

20　第 1 章　ダイオード回路

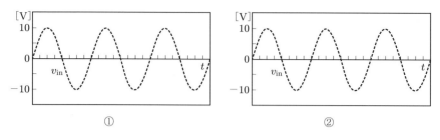

① ②

図 1.42

1.5 定電圧回路（基礎編）

定電圧回路は，一定電圧をつくり出す回路であり，ほとんどの電子機器内で使われている．定電圧回路内の基準電圧は，ツェナーダイオードによってつくられる．ここではツェナーダイオードの特性と，それを用いた簡単な定電圧回路について解説する．実用的な定電圧回路は第 9 章で解説する．

1 定電圧回路の必要性

図 1.43 の左部は，家庭用電源を直流に変換するアダプター回路である．トランス（変圧器）の巻数は 10：1 であり，家庭用電源 AC100 V はトランスによって 10 V に変換される（11.1 節「トランス」参照）．その後，変換された交流電圧は整流回路によって整流される．図 1.44 は，整流回路の出力 V_1 の波形である．V_1 は完全な直流電圧ではなく，以下の原因により，不安定である．

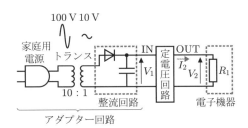

図 1.43　アダプター回路と定電圧回路

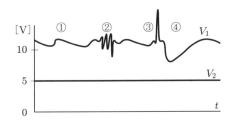

図 1.44　アダプター回路と定電圧回路の出力電圧

① 【リップル】1.4 節で説明したように，整流後の直流電圧にはリップルが含まれる．

② 【周辺機器によるノイズ】周辺の電気機器を使用した際，電気機器よりノイズが発生する．それが家庭用電源ラインを伝わり，V_1 に現れる．このノイズは，洗濯機や扇風機などのモーターを使用した機器から発生する．

③ 【サージノイズ】落雷時のサージ（瞬時の高電圧）が家庭用電源ラインを伝わり現れる．サージノイズにより，電子機器内の集積回路が壊れることがある．

④ 【不安定電圧】エアコンのスイッチを入れたとき，急激な電流が流れて，家庭用電源の電圧は AC100 V より一瞬低くなる．その影響により V_1 は一瞬低くなる．

▶ **定電圧回路の役割**　電子機器は一定電圧を基準にして設計されるため，そこに加えられる電源電圧はつねに一定であることが求められる．そのため，図 1.44 の V_1 のような不安定な電圧源は，電子機器の電源としてふさわしくない．そこで，図 1.43 ではアダプター回路と電子機器の間に定電圧回路を入れている．これにより，図 1.44

に示すように，電子機器の負荷 R_1 に加わる電圧 V_2 は一定になる．定電圧回路の出力電圧 V_2 は，入力電圧 V_1，出力電流 I_2，温度が変化しても一定である．

2 シリコンダイオードを用いた定電圧回路

▶ **構成**　図 1.45 の破線内の回路は，降下電圧 $V_D = 0.7\,\mathrm{V}$ のシリコンダイオードを 7 つ用いて構成された定電圧回路である．入力電圧 V_1 を一定の出力電圧 V_2（$0.7\,\mathrm{V} \times 7 = 4.9\,\mathrm{V}$）に変換する．$R_1$ は，電流制限抵抗である．ダイオードに大電流が流れるのを防ぎ，ダイオードを保護するはたらきがある．

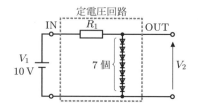

図 1.45　シリコンダイオードを用いた定電圧回路

▶ **入出力特性**　図 1.46 は，図 1.45 の定電圧回路の入出力特性である．V_1 が 4.9 V までは，ダイオードはスイッチ OFF の状態であるため，V_1 と V_2 は同じである．V_1 が 4.9 V 以上になると，7 つのダイオードは 4.9 V（$0.7\,\mathrm{V} \times 7$）の電源と置き換えて考えることができ，V_1 が変化しても V_2 は一定（4.9 V）となる．これにより，図 1.45 の回路は定電圧回路として動作する．

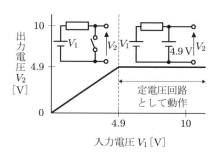

図 1.46　定電圧回路の入出力特性

3 ダイオードの温度特性と温度係数

図 1.45 の定電圧回路は入手しやすいシリコンダイオードを用いたが，この回路はたくさんのダイオードを必要とするため，また出力電圧がシリコンダイオードの温度特性の影響を受けて温度によって変化するため，一般的には使われていない．以下にシリコンダイオードの温度特性について述べる．

図 1.47 は，$-25\,^\circ\mathrm{C}$，$25\,^\circ\mathrm{C}$，$75\,^\circ\mathrm{C}$ のシリコンダイオードの静特性である．立ち上がり電圧 V_{F1} は，常温 $25\,^\circ\mathrm{C}$ を基準として，$-25\,^\circ\mathrm{C}$ で約 $+0.1\,\mathrm{V}$，$75\,^\circ\mathrm{C}$ で約 $-0.1\,\mathrm{V}$ シフトする．

立ち上がり電圧 V_{F1} の**温度係数** α は約

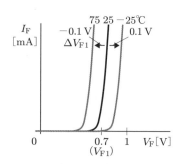

図 1.47　シリコンダイオードの静特性の温度変化

$-2\,\mathrm{mV/^\circ C}$ である.そして,立ち上がり電圧の温度変化 ΔV_{F1} は次式で与えられる.ここで,ΔT は温度変化である.

$$\Delta V_{\mathrm{F1}} = \alpha \Delta T \tag{1.3}$$

例題 1.2 常温（25°C）のとき,ダイオードの立ち上がり電圧 V_{F1} が 0.7 V であった.-25°C と 75°C のときのつぎの電圧を求めなさい.
① 立ち上がり電圧 V_{F1} ② 図 1.45 の定電圧回路の出力電圧 V_2

答え ① $V_{\mathrm{F1}} = 0.7 + \Delta V_{\mathrm{F1}}$
② $V_2 = 7 V_{\mathrm{F1}}$

各温度における ΔV_{F1},V_{F1},V_2 を表 1.1 にまとめる.

表 1.1 各温度における ΔV_{F1},V_{F1},V_2

T [°C]	ΔT	ΔV_{F1} [V]	V_{F1} [V]	V_2 [V]
-25	-50	0.1	0.8	5.6
25	0	0	0.7	4.9
75	50	-0.1	0.6	4.2

4 ツェナーダイオード

基準電圧をつくる素子として,温度特性のわるいシリコンダイオードの代わりにツェナーダイオードがよく用いられる.図 1.48 にツェナーダイオードの回路記号を示す.記号の上の「$V_{\mathrm{Z}}\,5\,\mathrm{V}$」は,後で述べるツェナー電圧を表す.

▶ **静特性** 図 1.49 にツェナーダイオードの静特性を示す.順方向特性はシリコンダイオードと同じであるが,逆方向特性は,降伏電圧がシリコンダイオードと比較すると低い.この降伏電圧を**ツェナー電圧**（V_{Z}）という.ツェナー電圧の温度係数は小さいため,ツェナーダイオードを用いると温度変化の少ない定電圧回路の基準電圧をつくることができる.ツェナーダイオードはツェナー電圧を活用するため,逆方向電圧で動作させる.

ツェナーダイオードは,さまざまなツェナー電圧のものが販売されており,用途に合わせて選ぶことができる.

▶ **近似モデルと等価回路** 図 1.50 は,ツェナーダイオードに逆方向電圧 V_{R}' を加えたときの近似モデルである.近似モデルは,スイッチ SW とツェナー電圧 V_{Z} の電

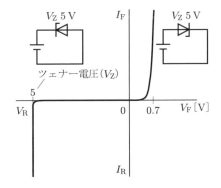

図 1.48 ツェナーダイオードの回路記号

図 1.49 ツェナーダイオードの静特性

源で構成される．

近似モデルのスイッチは，ツェナーダイオードに加わる電圧 V_R' が V_Z 以上のとき ON，V_Z より小さいとき OFF となる（1.3 節参照）．その結果，ツェナーダイオードの等価回路は，V_R' が V_Z 以上のとき電源 V_Z，V_Z より小さいときスイッチ OFF（開放）として考えることができる．

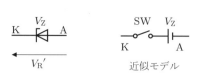

	スイッチ状態	等価回路
$V_R' \geqq V_Z$	ON	V_Z
$V_R' < V_Z$	OFF	開放

図 1.50 ツェナーダイオードの近似モデルと等価回路

5 ツェナーダイオードを用いた定電圧回路

▶ **構造** 図 1.51 は，ツェナーダイオードを用いた定電圧回路に電源 V_1 を接続した回路である．ツェナーダイオードは逆方向で用いられている．R_1 は電流制限抵抗である．

▶ **入出力特性** 図 1.52 は図 1.51 の定電圧回路の V_1 を変化させたときの入出力特性である．V_1 が 5 V までは，ツェナーダイオードはスイッチ OFF として動作する．そのため，出力電圧 V_2 は V_1 と同じになる．

V_1 が 5 V 以上になると，ツェナーダイオードは V_Z（5 V）の電源として動作する．そのため，V_2 は 5 V の一定電圧となり，図 1.51 の回路は定電圧回路として動作する．

▶ **I_2-V_2 特性** 図 1.53 は，負荷 R_L が接続された定電圧回路である．抵抗 R_1 は 100 Ω に設定されている．I_2 は定電圧回路の出力電流である．

図 1.54 のグラフの黒線は，出力電流 I_2 を変化させたときの V_2 である．図 1.53 の回路は，I_2 が 50 mA までは V_2 を 5 V に維持し

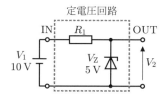

図 1.51 ツェナーダイオードを用いた定電圧回路

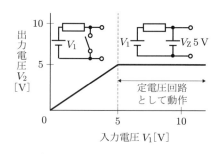

図 1.52 定電圧回路の入出力特性

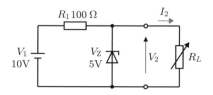

図 1.53 負荷が接続された定電圧回路

て，定電圧回路として動作する．しかし，I_2 がそれ以上流れると V_2 は低下する．この定電圧を維持できる最大の電流値（50 mA）を最大出力電流 I_m という．

▶ **I_2 - V_2 特性の求め方**　はじめにツェナーダイオードを外した図 1.55 の回路の I_2 - V_2' 特性を求める．

図 1.55 の回路において次式が成り立つ．

$$V_2' = V_1 - R_1 I_2 \qquad (1.4)$$

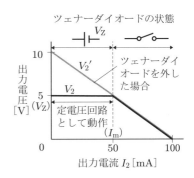

図 1.54　出力電流 - 出力電圧特性

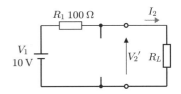

図 1.55　ツェナーダイオードを外す

図 1.54 の灰色の線は式 (1.4) をグラフにしたものである．

I_2 が 50 mA 以下では，ツェナーダイオードに加わる電圧 V_2' は 5 V 以上である．そのため，図 1.53 のツェナーダイオードは 5 V（V_Z）の電源として動作し，V_2 は 5 V で一定となる．

I_2 が 50 mA を超えると V_2' は 5 V より小さくなる．そのため，図 1.53 のツェナーダイオードはスイッチ OFF として動作し，V_2 は V_2' と同じになる．

▶ **最大出力電流 I_m の求め方**　式 (1.4) を変形すると次式が導かれる．

$$I_2 = \frac{V_1 - V_2'}{R_1} \qquad (1.5)$$

最大出力電流 I_m は，図 1.54 のグラフより V_2' が 5 V（V_Z）のときである．この条件を式 (1.5) に代入して，I_m は次式で表される．

$$I_m = \frac{V_1 - V_Z}{R_1} \qquad (1.6)$$

▶ **電流制限抵抗 R_1 の考察**　I_m を増やすには，式 (1.6) より R_1 を小さくすればよいことがわかる．しかし，R_1 を小さくするとツェナーダイオードに流れる電流が多くなるので，電源の消費電力が大きくなると同時に，消費電力の定格が大きいツェナーダイオードを使用する必要がでてくる．

■ 問題

1.5-1【定電圧回路の必要性】（　）の中に当てはまる言葉を下の枠の中から選びなさい．
　家庭用電源は，電圧が（　a　）であるとともに，整流による（　b　），落雷による（　c　），周辺の（　d　）のノイズが乗るため，電子回路の電源にふさわしくない．そこで，整流回路と電子機器の間に（　e　）を挿入して電源電圧を安定させる．

> 定電圧回路　サージノイズ　リップル　電気機器　不安定

1.5-2【シリコンダイオードを用いた定電圧回路】 図 1.56(a)においてつぎの問いに答えなさい．
(1) 電流制限抵抗とダイオードを用いて 4.9 V の定電圧回路を図 1.56(a)の点線枠内に作りなさい．ダイオードの降下電圧は $V_D = 0.7$ V とする．V_1 は 10 V とする．
(2) (1)で作った定電圧回路の入力電圧 V_1 を 0 ～ 10 V に変化させたときの出力電圧 V_2 のグラフ（V_1-V_2 特性）を図 1.56(b)に描きなさい．
(3) 温度が -25℃，75℃ になったときの出力電圧を求めなさい．

1.5-3【ツェナーダイオードを用いた定電圧回路】 つぎの問いに答えなさい．
(1) ツェナー電圧 $V_Z = 5$ V のツェナーダイオードの回路記号と静特性を図 1.56(c)に描きなさい．
(2) ツェナーダイオードに逆方向バイアスを加えたときの近似モデルを描きなさい．

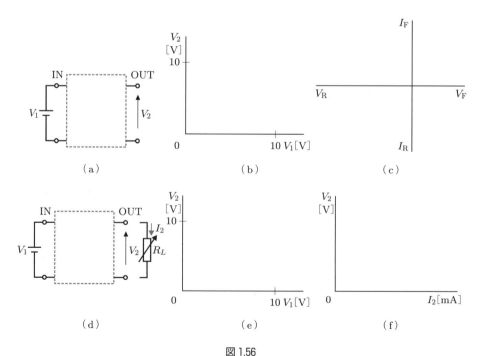

図 1.56

(3) 電流制限抵抗 R_1 と 5 V のツェナーダイオードを用いて図 1.56(d) の破線枠内に 5.0 V の定電流回路を作りなさい. 負荷 R_L は接続されていないものとする.

(4) 図 1.56(d) で作られた定電圧回路の入力電圧 V_1 を 0 〜 10 V に変化させたときの出力電圧 V_2 のグラフ (V_1-V_2 特性) を図 1.56(e) に描きなさい.

(5) 図 1.56(d) で作られた定電圧回路に可変抵抗 R_L を出力に接続し, 出力電流 I_2 を変化させた. $R_1 = 100\,\Omega$, $V_1 = 10\,\mathrm{V}$ のとき, I_2-V_2 特性のグラフを図 1.56(f) に描きなさい.

(6) (5) の定電圧回路の最大出力電流 I_m を求めなさい.

1.5-4【演習問題】 図 1.57 の各回路の V_1 を求めなさい. ダイオードの順方向の降下電圧 V_D は 0.7 V とする.

〈ヒント〉
(1) $V_R' \geqq V_Z$.
(2) $V_R' < V_Z$.
(3) $V_R' \geqq (V_{Z1} + V_{Z2})$ のときダイオードに電流が流れる.
(4) 並列接続のときは, V_Z の低いほうのツェナーダイオードに電流が流れる.
(5) $V_1 = V_Z + V_D$.
(6) R_2 に流れる電流 $I_{R_2} = (E - V_Z)/(R_1 + R_2)$, $V_1 = I_{R_2} R_2 + V_Z$.

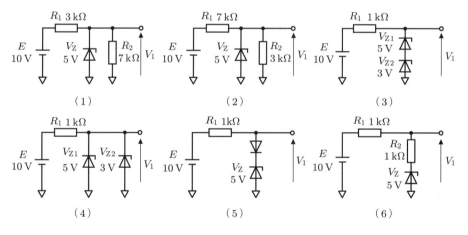

図 1.57

1.6 ダイオードを用いた応用回路

ダイオードはこれまでに学んだ整流回路や定電圧回路のほか，逆接続保護回路や論理回路，リミッタ回路などでも活用されている．ここでは，それらのしくみについて説明する．

1 逆接続保護回路

逆接続保護回路とは，電子機器に電源を接続する際に，不注意により極性を間違えて接続しても機器が壊れないようにする回路である．電子機器は多くの半導体によって構成されており，そこに±逆の電圧が加わると定格値を超えた電流（過電流）が流れて壊れる可能性がある．そこで，電子機器と電源の間に逆接保護回路が挿入される．

▶ **ダイオードを用いた逆接続保護回路** 逆接続保護回路（図 1.58）は，電子機器と電源の間に一つのダイオードを挿入して作られる．簡単にできるため，多くの電子機器で使用されている．

図 1.58(a)は，電源を電子機器の電源端子に正しく接続した場合である．電流方向を矢印で示す．ダイオードに順方向の電流が流れ，機器は正常に動作する．一方，図 1.58(b)は，電源を±逆にして電子機器に接続した場合である．電流の向きは，ダイオードの逆方向となるため，電流はほとんど流れず，電子機器は保護される．

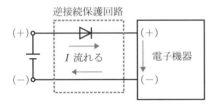

（a）電子機器と電源の極性が同じ

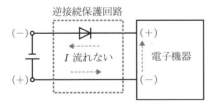

（b）電子機器と電源の極性が逆

図 1.58 逆接続保護回路

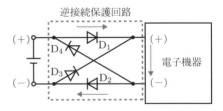

（a）電子機器と電源の極性が同じ

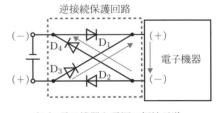

（b）電子機器と電源の極性が逆

図 1.59 ブリッジ回路を用いた逆接続保護回路

▶ **ブリッジ回路を用いた逆接続保護回路**　図 1.58 の逆接続保護回路は，逆接続した場合に電子機器は保護されるが，電子機器は動作しない．それに対して図 1.59 の回路は，±逆に接続しても電子機器は動作する．

電源の極性を電子機器の極性に合わせて接続した場合（図 1.59(a)），電流 I は $D_1 \to$ 電子機器 $\to D_2$ を通る．電源の極性を逆に接続した場合（図 1.59(b)），電流 I は $D_3 \to$ 電子機器 $\to D_4$ を通る．このように，どちらの接続でも電子機器のプラスには電源のプラス電圧が加わり，電子機器は正常に動作する．

2 論理回路

ダイオードを組み合わせて OR 回路や AND 回路を作ることができる．

▶ **OR 回路**　図 1.60 の破線内は OR 回路である．ダイオードは理想ダイオードとする．表 1.2 は OR の論理表である．ここで，0 V を論理値 0，5 V を論理値 1 と割り当てると，図 1.60 の回路は表 1.2 の OR 論理で動作する．端子 A に 5 V，端子 B に 0 V の入力が加わった場合の動作例を考えてみよう．

端子 A に加わった電圧 E_A（5 V）はダイオード D_1 に順方向で加わるため，ダイオード D_1 はスイッチ ON になる．端子 A に流れ込んだ電流 I_1 は D_1 を通って R に流れ，出力電圧 V_{OUT} は E_A（5 V）となる．一方，ダイオード D_2 は，V_{OUT} によって逆方向電圧が加わるためにスイッチ OFF となる．

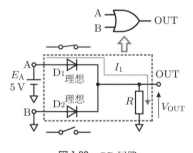

図 1.60　OR 回路

表 1.2　論理表（OR）

A	B	OUT
0	0	0
1	0	1
0	1	1
1	1	1

▶ **AND 回路**　図 1.61 の破線内は AND 回路であり，表 1.3 の AND 論理で動作する．端子 A に 5 V，端子 B に 0 V の入力が加わった場合の動作例を考えてみよう．端子 B は，グランドに接続されているため，ダイオード D_2 は V_{CC} によって順方向電圧が加わり，スイッチ ON となる．V_{CC} から流れ出た電流 I_1 は，D_2 を通って端子 B に流れる．その際，端子 B と出力端子は導通するため，出力電圧 V_{OUT} は 0 V となる．一方，端子 A に加わった電圧 E_A（5 V）は，ダイオード D_1 に逆方向で加わるため，D_1 はスイッチ OFF となる．

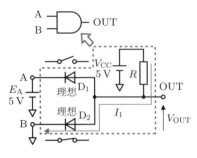

図 1.61 AND 回路

表 1.3 論理表（AND）

A	B	OUT
0	0	0
1	0	0
0	1	0
1	1	1

3 リミッタ回路

▶ **動作と用途**　リミッタ回路は，信号のレベルを制限する回路である．大入力信号が電子機器の入力に加わったとき，機器が壊れないようにする保護回路や，波形をひずませて音色を変えるエレキギターのエフェクターで活用されている．図 1.62 の破線内がリミッタ回路である．二つのダイオードと電流制限抵抗 R_1 で構成される．

▶ **しくみ**　図 1.63 は図 1.62 のリミッタ回路の入出力特性である．入出力特性は，グラフに描かれた①，②，③の三つの状態に分けて考えることができる．順にみていこう．なお，ダイオードの降下電圧 V_D は 0.7 V とする．

① 入力電圧 V_1 が 0.7 V 以上のとき，D_1 はスイッチ OFF，D_2 は電源 V_D に置

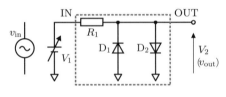

図 1.62 リミッタ回路

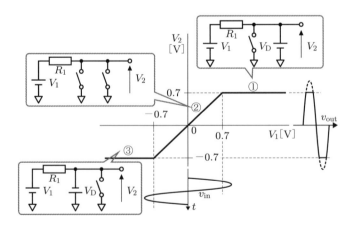

図 1.63 リミッタ回路の入出力特性

き換えて考えることができる．出力電圧 V_2 は V_D（0.7 V）である．
② V_1 が $-0.7 \sim 0.7$ V のとき，D_1, D_2 はスイッチ OFF に置き換えて考えることができる．V_2 は V_1 である．
③ V_1 が -0.7 V 以下のとき，D_1 は電源 V_D，D_2 はスイッチ OFF に置き換えて考えることができる．V_2 は $-V_D$（-0.7 V）である．

図 1.62 の V_1 を正弦波の信号源 v_{in} にした場合の回路について考える．図 1.62 の横軸の下に入力波形 v_{in} を示す．出力波形 v_{out} は，入出力特性を用いて作図して求めることができる．v_{out} は，-0.7 V と 0.7 V の箇所でクリップする．クリップとは，波形の先端がカットされることである．

■ 問題

1.6-1【逆接続保護回路】 つぎの問いに答えなさい．
(1) 図 1.64(a)の破線内に一つのダイオードを用いて回路を組み，電源のプラス端子とマイナス端子を逆に接続しても機器が壊れないようにしなさい．
(2) 図 1.64(b)の破線内に四つのダイオードを用いて回路を組み，電源のプラス端子とマイナス端子を逆に接続しても機器が動作するようにしなさい．

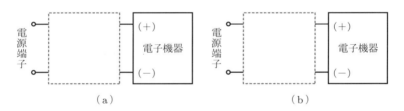

図 1.64

1.6-2【論理回路】 図 1.65 の部品を用いて以下の回路を作りなさい．論理 1 は 5 V，論理 0 は 0 V．ダイオードは理想ダイオードとする．
① OR 回路 ② AND 回路

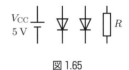

図 1.65

1.6-3【リミッタ回路】 図 1.66(a)のリミッタ回路において以下の問いに答えなさい．ダイオードの降下電圧 V_D は 0.7 V とする．
(1) V_1 が $-1.5 \sim 1.5$ V に変化したときの入出力特性のグラフを図 1.66(b)に描きなさい．
(2) 電源 V_1 を振幅 1 V の信号 v_{in} に変えたときの出力波形 v_{out} を(1)で作成した入出力特性より作図して求めなさい．

32 第1章 ダイオード回路

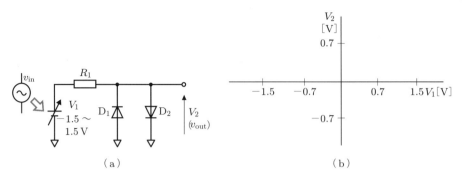

図 1.66

第 **2** 章

トランジスタ回路

　バイポーラトランジスタ（以後，トランジスタ）は電流を増幅する素子であり，電子機器内で電子スイッチや信号増幅器として用いられる．

　この章では，はじめにトランジスタの基本特性と静特性を説明する．つぎにトランジスタ回路の計算方法，最後にスイッチング回路とその応用回路について説明する．

　トランジスタは，電子回路で中心となる素子であり，ほとんどの電子機器内で使用されているので，その特性や活用方法の理解は重要である．

2.1 トランジスタの特性

ここでは，トランジスタの基本的な動作と静特性について説明する．静特性は，トランジスタの直流特性を表す大切なグラフであり，後で説明するトランジスタ回路の動作を理解するのに重要となる．

1 基本事項

▶ **構造と回路記号** トランジスタは，P型半導体とN型半導体を接合したもので，図2.1に示すように，構造の違いにより，NPNトランジスタとPNPトランジスタに分類される．端子名は，コレクタ（C），ベース（B），エミッタ（E）である．図2.2は回路記号である．

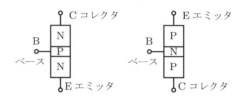

図2.1 トランジスタの構造

▶ **実際のトランジスタ** トランジスタには，図2.3(a)のようなディスクリートタイプ，図2.3(b)のような表面実装タイプがある．小信号用トランジスタはサイズが小さく，大電力用は大きい．図の大電力用は，熱を放熱できるよう放熱板が取り付けられている．

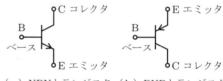

図2.2 トランジスタの回路記号と端子名

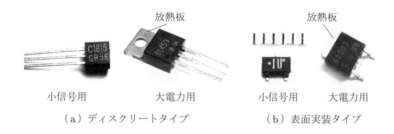

図2.3 実際のトランジスタ

▶ **用途** トランジスタの用途を大きく分類すると，スイッチと増幅器に分けられる．
〈スイッチ〉 図2.4(a)にトランジスタのコレクタとエミッタ間がスイッチとして動作する様子を示す．ベースに電流を流すことでスイッチはONになる．

〈増幅器〉 増幅器は，信号を増幅して出力する装置であり，その回路を増幅回路という．図2.4(b)はトランジスタを用いた増幅回路である．ベースに入力された信号が増幅されてコレクタに出力される．

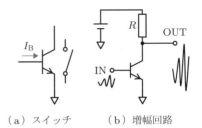

（a）スイッチ　　（b）増幅回路

図2.4　トランジスタの用途

2 基本動作

▶ **NPNトランジスタ**　NPNトランジスタの動作について評価回路（図2.5）を用いて説明しよう．

電源 V_1 からベースに流れ込んだ電流（**ベース電流** I_B）は，エミッタより出力される．I_B が流れることにより，コレクタからエミッタ方向に I_B の h_{FE} 倍の電流が流れる．この電流を**コレクタ電流** I_C という．エミッタからは，I_B と I_C を合わせた電

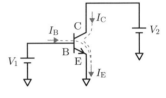

図2.5　NPNトランジスタ評価回路

流が出力される．この電流を**エミッタ電流** I_E という．h_{FE} は**直流電流増幅率**とよばれるトランジスタのパラメータで，その値は 50 ～ 700 程度であり，トランジスタにより異なる．上記のトランジスタの動作より以下の関係式が導かれる．

$$I_C = h_{FE} I_B \tag{2.1}$$
$$I_E = I_B + I_C = (1 + h_{FE}) I_B \tag{2.2}$$

また，h_{FE} は 1 より十分大きいため，式(2.2)はつぎのように近似できる．

$$I_E \fallingdotseq h_{FE} I_B = I_C \tag{2.3}$$

式(2.3)の近似式を用いることで，トランジスタ回路は簡単に計算できる．

▶ **PNPトランジスタ**　PNPトランジスタの動作について評価回路（図2.6）を用いて説明しよう．

電源 V_2 からエミッタに流れる電流（エミッタ電流 I_E）の一部は，ベースより出力される（ベース電流 I_B）．I_B が流れることにより，エミッタからコレクタ方向に I_B の h_{FE} 倍の電流が流れる（コレクタ電流 I_C）．上記の動作より，PNPトランジスタも NPN トランジスタと同様に式(2.1)～(2.3)の関係が成り立つ．

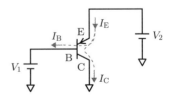

図2.6　PNPトランジスタ評価回路

36　第2章　トランジスタ回路

例題 2.1　つぎの問いに答えなさい．トランジスタの h_{FE} は 100 とする．

(1) 図 2.5 において $I_C = 10\ \text{mA}$ のとき，I_B と I_E を求めよ．

(2) 図 2.6 において $I_E = 10\ \text{mA}$ のとき，I_B と I_C を求めよ．

答え　(1) 式(2.1)より，$I_B = I_C/h_{FE} = 100\ \mu\text{A}$．式(2.2)より，$I_E = I_C + I_B = 10.1\ \text{mA}$．

【別解】式(2.3)の近似式を用いると，$I_E \fallingdotseq I_C = 10\ \text{mA}$．

(2) 式(2.2)より，$I_B = I_E/(1 + h_{FE}) = 99\ \mu\text{A}$．式(2.1)より，$I_C = h_{FE} I_B = 9.9\ \text{mA}$．

【別解】式(2.3)の近似式を用いると，$I_E \fallingdotseq I_C = 10\ \text{mA}$，$I_B = I_C/h_{FE} = 100\ \mu\text{A}$．

3　品番とタイプ

▶ **品番**　トランジスタには品番がある．たとえば，「2SC1815GR」と書かれている場合，意味は右のようになる．

図 2.3(a) の小信号用トランジスタでは，「C1815GR」と表示されている．

$$\underset{\substack{\text{トランジスタ} \quad \text{タイプ} \quad \text{登録番号} \quad \text{ランク} \\ \text{を表す記号}}}{2S\ C\ 1815\ GR}$$

▶ **タイプ**　タイプには，A，B，C，D の 4 種類がある．表 2.1 に，分類，構造，最大コレクタ電流 I_C（コレクタに流すことができる最大電流），トランジション周波数 f_T（電流増幅率が 1 となる周波数．図 4.2 参照），サイズについてタイプ別特徴をまとめる．C タイプのトランジスタが，汎用部品としてもっともよく使われている．

表 2.1　タイプ別特徴

タイプ	分類	構造	I_C	f_T	サイズ
A	小信号	PNP	小	高	小
B	大電力	PNP	大	低	大
C	小信号	NPN	小	高	小
D	大電力	NPN	大	低	大

▶ **ランク**　h_{FE} は一定値ではなく，個々のトランジスタにより大きなばらつきがある．そのため，トランジスタは h_{FE} の値によってランク分けされる．表 2.2 は，トランジスタ「2SC1815」のランク一覧である．同じランク内においても，h_{FE} に大きなばらつきがある．

表 2.2　ランク一覧

ランク	h_{FE}
O	70 ～ 140
Y	120 ～ 240
GR	200 ～ 400
BL	350 ～ 700

4　静特性

静特性はトランジスタの直流特性を表すグラフで，4 種類ある．図 2.7 は，その静特性のグラフと測定回路である．

▶ V_{BE}-I_B **特性**（図 2.7(a)）　ベースとエミッタ間の電圧を**ベース・エミッタ間電圧** V_{BE} という．V_{BE} が 0.6 ～ 0.75 V 以上になると，I_B は急に流れる．ベース・エミッ

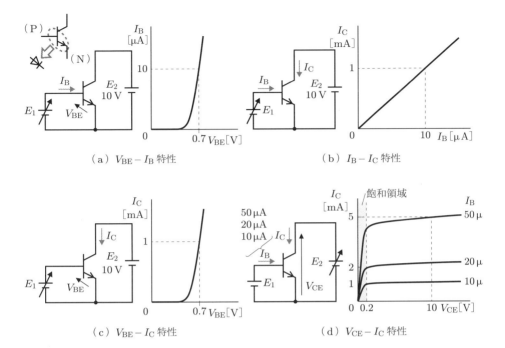

図 2.7 トランジスタの静特性

タ間はダイオードと同じ PN 接合で構成されているため，V_{BE} - I_B 特性はダイオードの静特性と同等になる．

▶ I_B - I_C **特性**（図 2.7(b)）　I_B と I_C の関係は式(2.1)より比例関係となる．

▶ V_{BE} - I_C **特性**（図 2.7(c)）　V_{BE} - I_B 特性と同じ形で，I_C は I_B の h_{FE}(100)倍である．

▶ V_{CE} - I_C **特性**（図 2.7(d)）　コレクタとエミッタ間の電圧を**コレクタ・エミッタ間電圧** V_{CE} という．I_B が 10，20，50 μA のときのグラフを示す．V_{CE} = 10 V のとき，I_C はそれぞれ I_C = 1，2，5 mA であり，式(2.1)で計算した値と一致する．V_{CE} を大きくすると I_C は緩やかに増加するが，その変化は小さい．V_{CE} が約 0.2 V 以下になると h_{FE} の値が急激に小さくなり，I_C は急激に下がる．この I_C が急に下がる領域を**飽和領域**という．

■ 問題

2.1-1【トランジスタの基本事項】つぎの問いに答えなさい．
(1) NPN トランジスタと PNP トランジスタの回路記号を描きなさい．
(2) トランジスタの三つの端子名を書きなさい．
(3) P 型半導体が使われているのはどの端子か述べなさい．

(4) トランジスタの用途を述べなさい．

2.1-2【電流増幅率】 つぎの問いに答えなさい．トランジスタの電流増幅率は h_{FE} とする．

(1) 図 2.8(a), (b)において，ベース電流 I_B が流れたときの，コレクタ電流 I_C とエミッタ電流 I_E の流れを回路図に記入し，その値を求めなさい．

(2) $h_{FE} = 100$, $I_C = 1\,\mathrm{mA}$ のとき，図 2.8(a)の I_B と I_E を求めなさい．

(3) $h_{FE} = 100$, $I_E = 10\,\mathrm{mA}$ のとき，図 2.8(b)の I_B と I_C を求めなさい．

(4) $h_{FE} \gg 1$ のとき，I_C と I_E はほぼ等しくなることを証明しなさい．

(5) 近似式 $I_C \fallingdotseq I_E$ を用いて(2), (3)を解きなさい．

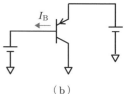

図 2.8

2.1-3【品番】 トランジスタの品番でつぎのように書かれていた．各記号と数字の意味を説明しなさい．

　　品番　2SC1815Y

2.1-4【タイプ】 各タイプのトランジスタの特徴をまとめた表 2.3 の各項目に当てはまる内容をカッコの中より選び，完成させなさい．

　分類（小信号/大信号）
　構造（PNP/NPN）
　最大コレクタ電流 I_C（大/小）
　トランジション周波数 f_T（高/低）
　サイズ（大/小）

表 2.3

タイプ	分類	構造	I_C	f_T	サイズ
A					
B					
C					
D					

2.1-5【静特性】 トランジスタの四つの静特性（V_{BE}-I_B, I_B-I_C, V_{BE}-I_C, V_{CE}-I_C）を図 2.9 のグラフに描きなさい．トランジスタの特性は，$V_{BE} = 0.7\,\mathrm{V}$ のとき $I_B = 10\,\mathrm{\mu A}$ であり，$h_{FE} = 100$ とする．

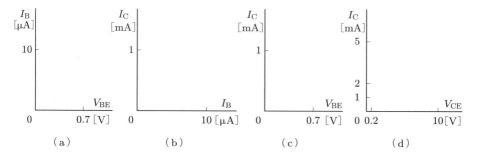

図 2.9

2.2 トランジスタ回路の解法

トランジスタ回路の計算方法は，静特性を用いた方法と，近似特性を用いた方法がある．ここでは，基本的なトランジスタ回路を例にして，これらの計算方法について説明する．とくに近似特性を用いた計算方法は，すばやく回路を解析するのに必要であり，この後もよく用いるので覚えておいてほしい．

1 ベース抵抗

図 2.10 の抵抗 R_B はベース抵抗である．R_B は，ベース電流 I_B を決定するためにベースと電源間に挿入される．

▶ **静特性を用いたベース抵抗の決定** 図 2.10 のベース，R_B，E_1 の入力回路より，次式が成り立つ．

$$E_1 = V_{BE} + V_{RB} = V_{BE} + R_B I_B \quad (2.4)$$

式(2.4)を変形すると次式となる．

$$R_B = \frac{E_1 - V_{BE}}{I_B} \quad (2.5)$$

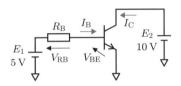

図 2.10 ベース抵抗が接続されたトランジスタ回路

例題 2.2 図 2.11 のグラフは，トランジスタの静特性である．コレクタ電流 I_C が 1 mA，10 mA となるように，図 2.10 のベース抵抗 R_B の値をそれぞれ決定しなさい．$h_{FE} = 100$ とする．

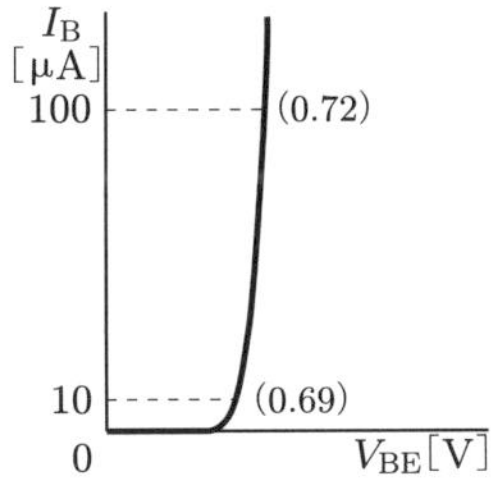

答え $I_C = 1$ mA のとき，式(2.1)より $I_B = I_C/h_{FE} = 10$ μA．静特性よりこのときのベース・エミッタ間電圧 V_{BE} を求めると，0.69 V である．R_B は式(2.5)よりつぎのようになる．

$$R_B = \frac{5 - 0.69}{10 \times 10^{-6}} = 431 \text{ k}\Omega$$

図 2.11 トランジスタの静特性

$I_C = 10$ mA のとき，式(2.1)より $I_B = I_C/h_{FE} = 100$ μA．静特性より $V_{BE} = 0.72$ V である．R_B は式(2.5)よりつぎのようになる．

$$R_B = \frac{5 - 0.72}{100 \times 10^{-6}} = 42.8 \text{ k}\Omega$$

▶ **近似特性を用いたベース抵抗の決定** 上記の静特性を用いた計算は，グラフの値を読み取る必要があるため手間がかかる．そこでダイオードの計算で用いた近似特

性をここでも適用する．

図 2.12 は，図 2.11 のトランジスタの静特性を近似したものである．V_{BE} を I_B の値に関係なく 0.7 V とすることにより，トランジスタ回路の計算を簡単にすることができる．

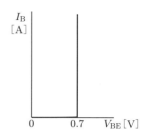

図 2.12　トランジスタの近似特性

例題 2.3　近似特性を用いて例題 2.2 を解きなさい．

答え　$I_C = 1$ mA のとき，式 (2.5) に $V_{BE} = 0.7$ V，$I_B = 10$ μA を代入すると，$R_B = 430$ kΩ．$I_C = 10$ mA のとき，式 (2.5) に $V_{BE} = 0.7$ V，$I_B = 100$ μA を代入すると，$R_B = 43$ kΩ．

例題 2.3 で求めた R_B は，例題 2.2 で求めた R_B と比較しても値に大きな差はない．以降 I_B の計算は，近似特性を用いる．

2 コレクタ抵抗

図 2.13 の抵抗 R_C は**コレクタ抵抗**である．R_C は，コレクタ電流 I_C をコレクタ・エミッタ間電圧 V_{CE}（出力電圧）に変換するために，電源 V_{CC} とコレクタ間に挿入される．図 2.13 の回路はトランジスタの基本回路であり，後で解説するスイッチング回路や増幅回路に活用される．

図 2.13 の V_{CE} は次式で表される．

$$V_{CE} = V_{CC} - V_{RC} = V_{CC} - R_C I_C \tag{2.6}$$

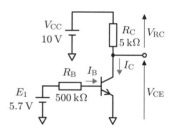

図 2.13　コレクタ抵抗を追加したトランジスタ回路

例題 2.4　図 2.13 の回路の I_B，I_C，V_{CE} を求めなさい．トランジスタの特性は $h_{FE} = 100$，$V_{BE} = 0.7$ V とする．

答え　式 (2.5) を変形すると次式となる．

$$I_B = \frac{E_1 - V_{BE}}{R_B} \tag{2.7}$$

式 (2.7) に数値を入れて計算すると，I_B はつぎのように求められる．

$$I_B = \frac{5.7 - 0.7}{500 \times 10^3} = 10 \text{ μA}$$

また，I_C は式 (2.1) よりつぎのように求められる．

$$I_C = h_{FE}I_B = 1\,\text{mA}$$

V_{CE} は式(2.6)よりつぎのようになる.

$$V_{CE} = 10 - 5 \times 10^3 \times 1 \times 10^{-3} = 5\,\text{V}$$

■ 問題

2.2-1【ベース抵抗】 図 2.14(a)の回路のトランジスタの V_{BE} - I_B 特性は図 2.14(b)のようになる．つぎの問いに答えなさい．トランジスタの特性は $h_{FE} = 100$ とする．

(1) コレクタ電流 I_C を 1 mA に決定するために，以下の手順で R_B を求めなさい．
  ① ベース電流 I_B を求めなさい．
  ② ベース・エミッタ間電圧 V_{BE} を求めなさい．
  ③ ベース抵抗に加わる電圧 V_{RB} を求めなさい．
  ④ R_B を求めなさい．

(2) コレクタ電流 I_C が 10 mA となるようベース抵抗 R_B の値を求めなさい．

(3) $V_{BE} = 0.7\,\text{V}$ の近似特性を用いて，I_C が 1 mA と 10 mA であるときのベース抵抗 R_B を求めなさい．

2.2-2【コレクタ抵抗】 図 2.15 の回路のトランジスタの特性は，$h_{FE} = 100$, $V_{BE} = 0.7\,\text{V}$ とする．I_B, I_C, V_{CE} を求めなさい．

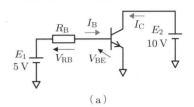

(a)

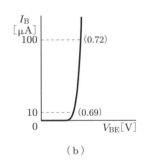

(b)

図 2.14

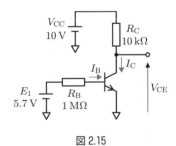

図 2.15

2.3 スイッチング回路

トランジスタは，モータやLED，リレーなどを駆動する電子スイッチとしてたいへんよく使われる．ここでは，トランジスタがスイッチとして動作するしくみやその回路（スイッチング回路）の設計方法について説明する．

1 スイッチング動作

▶ 動作 図2.16は，スイッチに抵抗と電源を接続した回路である．スイッチがOFFのときは電流I_1が流れず，出力電圧V_{CE}はV_{CC}である．スイッチがONになると，電流I_1（$= V_{CC}/R$）が流れ，V_{CE}は0Vになる．

図2.17のトランジスタは，コレクタ・エミッタ間が電子スイッチとして動作し，そのV_{CE}は図2.16のV_{CE}と同じになる．トランジスタのスイッチをONにするにはベース電流I_Bを流し，OFFにするにはI_Bをゼロにする．このようなトランジスタの動作を**スイッチング動作**という．また，図2.17のようなトランジスタをスイッチとして動作させる回路をスイッチング回路とよぶ．なお，電源V_{CC}の回路記号は電源回路を省略したものである．

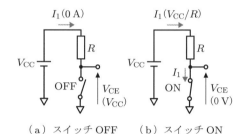

図2.16 スイッチ回路

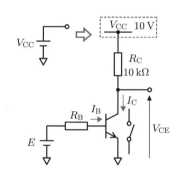

図2.17 スイッチング回路

▶ コレクタ電流とコレクタ・エミッタ間電圧 図2.17のトランジスタに，ベース電流$I_B = 0, 5, 10, 20, 30$ μAを流す．この回路のコレクタ電流I_Cと，出力電圧（コレクタ・エミッタ間電圧）V_{CE}を求める．

I_CとV_{CE}は，これまでの説明では次式で与えられていた．

$$I_C = h_{FE}I_B \tag{2.8}$$
$$V_{CE} = V_{CC} - R_C I_C \tag{2.9}$$

表2.4は，I_Bに対するコレクタ電流I_CとV_{CE}の関係をまとめたものである．上段の値は，式(2.8)，(2.9)を用いて計算した結果で，下段の値は，トランジスタを動作

表2.4 I_B に対する I_C と V_{CE}

I_B [μA]		0	5	10	20	30
I_C [mA]	計算	0	0.5	1	×2	×3
	実際	0	0.5	1	1	1
V_{CE} [V]	計算	10	5	0	×−10	×−20
	実際	10	5	0	0	0
スイッチの状態		○–○ ○	◄──►	○ ○–○	○–○ ○–○	○–○ ○–○

この範囲は増幅器として使用

させた実際の値である．計算結果と実際の値は I_B が 10 μA まで一致するが，それ以上では異なる．V_{CE} をみると，計算結果はマイナス値なのに対して，実際の値は 0 V である．このように，実際の NPN トランジスタのコレクタ電圧 V_C は，エミッタ電圧 V_E より低くなることはない（$V_C > V_E$）．理由は，V_{CE} が飽和領域に入ると h_{FE} が急激に下がり，I_C が流れなくなるからである（図 2.7(d) 参照）．また，I_B が 10 μA を超えたときの I_C は，$V_{CE} = 0$ V より，1 mA になる．

▶ **飽和電圧 $V_{CE(sat)}$**　　表2.4 で $I_B = 10$ μA 以上のとき，V_{CE} は 0 V になると述べたが，正確には飽和領域内の電圧（0.1 〜 0.3 V）になる．この電圧を**コレクタ・エミッタ間飽和電圧** $V_{CE(sat)}$ とよぶ．本書では計算を簡潔にするため，$V_{CE(sat)}$ を無視して 0 V として扱う．

▶ **スイッチの状態**　　表 2.4 に示したように，ベース電流 I_B が 0 A のとき V_{CE} は 10 V であり，コレクタ・エミッタ間は図 2.16(a) と同じスイッチ OFF の状態となる．また，ベース電流 I_B が 10 μA 以上のとき V_{CE} は 0 V であり，コレクタ・エミッタ間は図 2.16(b) と同じスイッチ ON の状態となる．このように，スイッチング動作では V_{CE} が 0 V と 10 V の箇所のみが使用される．0 〜 10 V の範囲は，後で解説する増幅器で使用される．

2 オーバードライブ

図 2.17 のスイッチング回路はベース電流 I_B を 10 μA 流すことでスイッチ ON になったが，実際のベース電流はその 3 〜 10 倍もの電流を流す．それは，トランジスタの h_{FE} がバラツキや温度変化により一定でないためである．h_{FE} は個々の部品によって大きくばらつきがあるとともに，温度が下がると低くなる（図 4.25 参照）．これらの理由から，h_{FE} が想定していた値より低くなると，I_B に 10 μA 流しても V_{CE} は 0 V にならず，トランジスタはスイッチ ON の状態にならない．

スイッチング動作を確実に行うためにベース電流を余分に流すことを**オーバードラ**

イブするという．また，オーバードライブ OD はスイッチを ON とするために必要な
もっとも少ないベース電流（最小ベース電流 I_B'）より何倍のベース電流を流すかを表
す．I_B' と OD は次式で表すことができる．ここで，I_B は実際に流すベース電流である．

$$I_B' = \frac{I_C}{h_{FE}} \tag{2.10}$$

$$OD = \frac{I_B}{I_B'} \tag{2.11}$$

3 応用回路1（センサライト回路）

スイッチング回路の応用としてセンサライトの回路を考える．センサライトは，人
が近づいたときにセンサが感知して電球が点灯する電子機器であり，トイレなどでよ
く見かける．

図 2.18(a) は，センサに直接電球を接続した回路である．センサの出力電圧 V_1 は，
通常は 0 V，感知時は 5 V になる．また，センサの出力インピーダンス R_1 は，450 Ω
である．電球は，5 V の電圧を加えたときに 100 mA の電流が流れて明るく点灯する
（電球の抵抗値 $R_L = V_1/I_1 = 50\ \Omega$）．

図 2.18(a) の回路では，感知時（$V_1 = 5$ V のとき）に電球は点灯しない．それは，
センサの出力抵抗 R_1 により，電球に流れる電流 I_1 は 10 mA に制限されるためである．

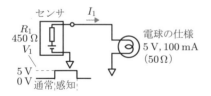

（a）センサに電球を直接接続

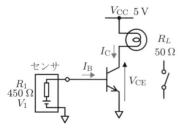

（b）トランジスタのスイッチング

図 2.18　センサライト回路

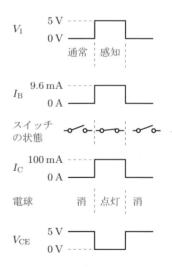

図 2.19　各部の電流と電圧

図 2.18(b) は，トランジスタのスイッチング動作によって電球を点灯させる回路である．図 2.19 にセンサの電圧 V_1 に対するベース電流 I_B とスイッチの状態，そしてコレクタ電流 I_C，電球の状態，ベース・エミッタ間電圧 V_{CE} を示す．センサ感知時に I_B が流れ，トランジスタのスイッチが ON となり，電球が点灯する．

例題 2.5 図 2.18(b) のセンサライト回路においてセンサ感知時のトランジスタに流れるベース電流 I_B，コレクタ電流 I_C，コレクタ・エミッタ間電圧 V_{CE}，オーバードライブ OD の値を求めなさい．なお，$h_{FE} = 100$ とする．

答え I_B は式(2.7)よりつぎのように求められる．

$$I_B = \frac{V_1 - V_{BE}}{R_1} \fallingdotseq 9.6 \text{ mA}$$

求めた I_B よりコレクタ電流 I_C と V_{CE} を式(2.8)，(2.9)を用いて計算すると，以下のようになる．

$$I_C = h_{FE} I_B = 960 \text{ mA}, \qquad V_{CE} = V_{CC} - R_C I_C = -43 \text{ V}$$

計算された V_{CE} は $V_{CE} < 0$ V であるため，トランジスタはスイッチング動作する．実際の V_{CE} と I_C はつぎのように修正される．

$$V_{CE} = 0 \text{ V}, \qquad I_C = \frac{V_{CC}}{R_L} = 100 \text{ mA}$$

式(2.10)より，$I_B' = I_C/h_{FE} = 1$ mA，式(2.11)より，$OD = I_B/I_B' \fallingdotseq 9.6$ 倍となる．

4 LED について

LED（light emitting diode）は，電流を流したときに発光するダイオードであり，**発光ダイオード**ともよばれる．ここでは，LED の基本特性と LED 駆動回路について説明する．

▶ **基本事項** 図 2.20 に回路記号と実物の写真を示す．リード線が長い端子がアノードである．図 2.21 は，LED の静特性である．電流の立ち上がり電圧は約 2 V である（青色 LED の立ち上がり電圧は約 3.5 V）．また，LED は一般的に 10 mA 程度以上の電流を流すことで点灯する．

▶ **近似モデル** 図 2.22 に LED の近似モデルを示す．これは，ダイオードの近似モデル（図 1.22 参照）の V_D の値を 2 V に変更したものである．ス

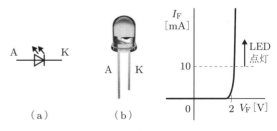

図 2.20 LED の回路記号と実物

図 2.21 LED の静特性

イッチは，LED 間電圧 V_F' が 2 V 以上のときに ON となる．

▶ **LED 点灯回路**　図 2.23 は，LED を点灯させる回路である．抵抗 R_1 は LED に流す電流 I_1 を決定するために挿入される．I_1 と R_1 の関係は次式で表される．

$$I_1 = \frac{V_{R_1}}{R_1} = \frac{E - V_D}{R_1} \qquad (2.12)$$

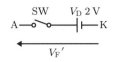

図 2.22　LED 近似モデル

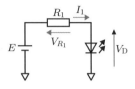

図 2.23　LED 点灯回路

5　応用回路 2（LED 駆動回路）

センサ感知時に LED が点灯する回路を考える．

図 2.24(a) は，センサに直接 LED を接続した回路である．センサの出力電圧 V_1 は，通常 0 V，感知した際に 5 V になる．また，センサの出力抵抗 R_1 は 10 kΩ である．

感知時に LED に流れる電流 I_1 は，式 (2.12) を用いて計算すると 0.3 mA である．したがって，この回路では電流が不足しており，LED は点灯しない．

図 2.24(b) は，トランジスタを用いて LED を駆動する回路である．センサが感知したとき，トランジスタのベースに電流 I_B が流れ，トランジスタがスイッチ ON の状態となり，LED が点灯する．

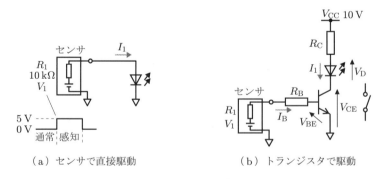

（a）センサで直接駆動　　　　　（b）トランジスタで駆動

図 2.24　LED 駆動回路

例題 2.6　図 2.24(b) のベース抵抗 R_B とコレクタ抵抗 R_C の値を求めなさい．LED に流す電流 I_1 は 10 mA とする．また，オーバードライブ OD は 4 とする．トランジスタの特性は，$h_{FE} = 200$，$V_{BE} = 0.7$ V である．LED の降下電圧 V_D は 2 V とする．

答え 式(2.12)より，$R_C = (V_{CC} - V_D)/I_1 = 800\ \Omega$．式(2.10)より，$I_B' = I_C/h_{FE} = 50\ \mu A$．式(2.11)より，$I_B = OD\ I_B' = 200\ \mu A$．また，実際に流れるベース電流$I_B$は入力回路よりつぎのとおりである．

$$I_B = \frac{V_1 - V_{BE}}{R_1 + R_B} \tag{2.13}$$

式(2.13)を変形して数値を代入すると，R_Bはつぎのように求められる．

$$R_B = \frac{V_1 - V_{BE}}{I_B} - R_1 = 11.5\ k\Omega$$

6 論理回路

トランジスタとダイオードを組み合わせて，NOT, NOR, NAND 回路を作ることができる．

▶ **NOT 回路** 図 2.25 に NOT 回路を示す．トランジスタは，スイッチング動作するものとする．ここで，0 V を論理値 0，5 V を論理値 1 と割り当てると，図 2.25 の回路は表 2.5 の NOT 論理で動作する．

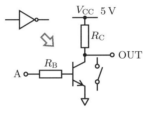

図 2.25 NOT 回路

表 2.5 論理表（NOT）

IN	OUT
0	1
1	0

▶ **NOR 回路** 図 2.26(a)は，OR 回路（図 1.58）と NOT 回路を組み合わせた NOR 回路である．図 2.26(b)は，図 2.26(a)のダイオードを抵抗に変えた回路である．

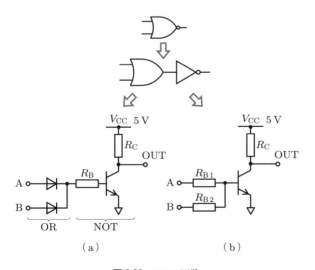

図 2.26 NOR 回路

表 2.6 論理表（NOR）

A	B	OUT
0	0	1
1	0	0
0	1	0
1	1	0

図 2.26 の回路は，どちらも表 2.6 の NOR 論理で動作する．

▶ **NAND 回路**　図 2.27(a) は，AND 回路（図 1.60）と NOT 回路を合わせた NAND 回路である．ダイオードにショットキーバリアダイオードを用いるのは，入力端子（A, B）が 0 V のとき R_B を通る電流が，トランジスタのベース側ではなく降下電圧の低いショットキーバリアダイオード側に流れるようにするためである．図 2.27(b) は，ド・モルガンの定理を用いて NOR 回路を変換した回路である．図 2.27 の回路は，どちらも表 2.7 の NAND 論理で動作する．

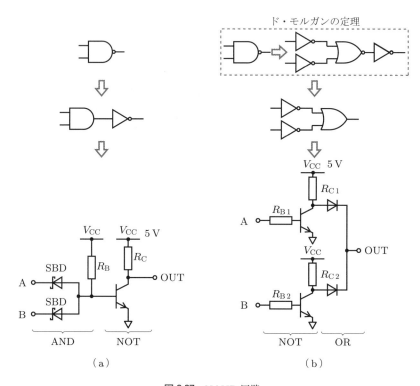

図 2.27　NAND 回路

表 2.7　論理表（NAND）

A	B	OUT
0	0	1
1	0	1
0	1	1
1	1	0

■ 問題

2.3-1【スイッチング動作】 図 2.28 の回路においてつぎの問いに答えなさい．

(1) ベース電流 I_B が表 2.8 のような値で流れたとき，コレクタ電流 I_C とコレクタ・エミッタ間電圧 V_{CE}，スイッチの状態（ON/OFF）を表 2.8 に書きなさい．$h_{FE} = 100$ とする．

(2) スイッチ ON にするための適切な I_B を表より選びなさい．

(3) $I_B = 30\ \mu A$ のときのオーバードライブ OD の値を求めなさい．

(4) $OD = 5$ となるように R_B を求めなさい．$V_{BE} = 0.7\ V$ とする．

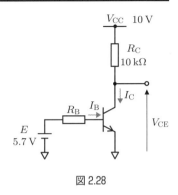

図 2.28

表 2.8

I_B [μA]	0	5	10	20	30
I_C [mA]					
V_{CE} [V]					
スイッチの状態					

2.3-2【センサライト回路】 図 2.29 のセンサの出力は，通常 0 V，感知時 5 V である．センサの出力インピーダンスは 450 Ω である．トランジスタの特性は，$h_{FE} = 100$，$V_{BE} = 0.7\ V$ である．電球は 5 V を加えると，電流が 100 mA 流れて点灯する．つぎの問いに答えなさい．

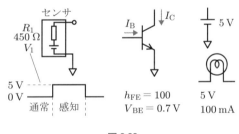

図 2.29

(1) センサに電球を直接接続したとき，電球に加わる電圧 V_2 と流れる電流 I_1 を求めなさい．

(2) センサが感知したときに電球が点灯する回路を図 2.29 の部品を用いて作りなさい．

(3) 電球が点灯したときの I_C を求めなさい．

(4) 電球が点灯したときの I_B を求めなさい．

(5) トランジスタをスイッチ ON にするために必要な最少ベース電流 $I_B{}'$ を求めなさい．

(6) オーバードライブ OD の値を求めなさい．

2.3-3【LED】 つぎの問いに答えなさい．

(1) LED の回路記号を描きなさい．また，LED の静特性を図 2.30 のグラフに描きなさい．

(2) LEDの等価モデルを描きなさい．
(3) 電源 $E = 10\,\mathrm{V}$ と抵抗 R_1 を用いて LED を点灯させる回路を描きなさい．また，R_1 の値を求めなさい．LED に流す電流 I_1 は $10\,\mathrm{mA}$ とする．

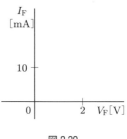

図 2.30

2.3-4【LED駆動回路】図 2.31 においてつぎの問いに答えなさい．トランジスタの特性は，$h_{FE} = 200$，$V_{BE} = 0.7\,\mathrm{V}$ である．LED の降下電圧 V_D は $2\,\mathrm{V}$ とする．
(1) センサに LED を直接接続したとき，LED に流れる電流 I_1 を求めなさい．
(2) センサが感知時に LED が点灯する回路を図 2.31 の部品を用いて作りなさい．
(3) LED に流れる電流 I_1 が $10\,\mathrm{mA}$ となるように R_C の値を求めなさい．
(4) オーバードライブ OD が 3 倍となるように R_B の値を求めなさい．

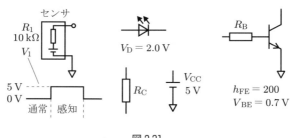

図 2.31

2.3-5【論理回路】抵抗，ダイオード，NPN トランジスタを用いて以下の論理回路を作りなさい．抵抗の値は求める必要はない．トランジスタはスイッチング動作するものとする．
　① NOT 回路　② NOR 回路　③ NAND 回路

2.4 バイアス計算

バイアスとは，回路素子に加える直流電圧や流す直流電流のことであり，それを与える回路をバイアス回路という．実用回路では，複雑なバイアス回路の計算が求められる．ここでは，複雑なトランジスタ回路をテブナンの定理を用いて等価抵抗と等価電源に変換して解析する手法を説明する．

1 テブナンの定理を用いた解法 1

テブナンの定理を用いて，図 2.32 のトランジスタ回路をトランジスタの基本回路（図 2.35）に変換し，出力電圧 V_2 を求めてみよう．

▶ **入力回路の変換** 図 2.32 の破線で囲まれた入力回路を，テブナンの定理によって図 2.33(c) の等価抵抗 R_1' と等価電源 E_1' に変換する．図 2.33(c) の E_1' は，図 2.33(a) に示すベースより切り離した入力回路の開放電圧 E_1' であり，分圧の公式より次式で求められる．

$$E_1' = \frac{R_B E_1}{R_A + R_B}$$

図 2.33(c) の R_1' は，図 2.33(b) に示す入力回路の開放端よりみた内部抵抗 R_1' である．電源 E_1 はショートとして置き換えられ，R_1' は次式で求められる．ここで，// は抵抗の並列接続を意味する．

$$R_1' = R_A // R_B = \frac{R_A R_B}{R_A + R_B}$$

▶ **出力回路の変換** 図 2.32 の破線で囲まれた出力回路を，テブナンの定理によって図 2.34(c) の等価抵抗 R_2' と等価電源 E_2' に変換する．

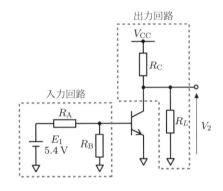

図 2.32 トランジスタ回路

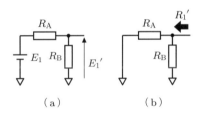

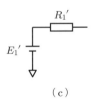

図 2.33 入力回路の変換

図 2.34(c) の E_2' は，コレクタより切り離した出力回路（図 2.34(a)）の開放電圧 E_2' であり，分圧の公式より次式で求められる．

$$E_2' = \frac{R_L V_{CC}}{R_C + R_L}$$

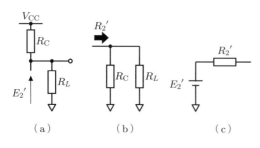
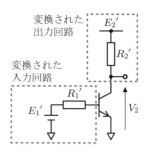

図 2.34　出力回路の変換　　　　　　　　図 2.35　変換された回路

図 2.34(c)の等価抵抗 R_2' は，図 2.34(a)の V_{CC} をショートした回路（図 2.34(b)）の内部抵抗 R_2' であり，次式で求められる．

$$R_2' = R_C // R_L = \frac{R_C R_L}{R_C + R_L}$$

▶ **変換された回路**　図 2.35 は，図 2.32 を上記の方法で変換した回路である．変換した回路は，図 2.13 で解説したトランジスタの基本回路であり，出力電圧 V_2 は，例題 2.4 で解説した手法で求めることができる．

2 テブナンの定理を用いた解法 2

図 2.36 のトランジスタ回路の出力電圧 V_2 を求めるために，図 2.37 のように負荷 R_L を切り離し，回路全体をテブナンの定理で変換する手法について説明する．

▶ **負荷 R_L を切り離した回路の変換**　図 2.37 の破線内の回路の出力電圧 V_1 と内部抵抗（出力インピーダンス）R_1' を求める．

〈出力電圧 V_1〉　V_1 は，例題 2.4 から求めることができる．

〈内部抵抗 R_1'〉　図 2.38 は，図 2.37 の V_{CC} をショートした回路である．コレクタからベースに電流は流れないため，入力回路（R_B, E_1）は切り離される．図 2.38 より

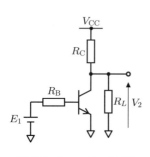
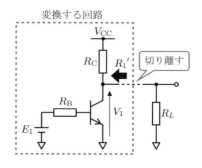

図 2.36　トランジスタ回路　　　　　図 2.37　負荷を切り離した回路

R_1' は，コレクタ抵抗 R_C とトランジスタのコレクタ・エミッタ間の抵抗の並列となる．

〈コレクタ・エミッタ間抵抗〉 図 2.7(d) の $V_{CE} - I_C$ 特性をみると，V_{CE} を変化させても I_C はほとんど変化せず一定である．これよりコレクタ・エミッタ間は，定電流源として考えることができる．そして，定電流源のインピーダンスは∞である．したがって，コレクタ・エミッタ間抵抗は∞として考えることができ，図 2.38 の R_1' は R_C となる．

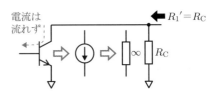

図 2.38 内部抵抗

〈テブナンの定理によるトランジスタ回路の変換〉 図 2.39 の破線で囲まれた回路は，図 2.37 の破線内のトランジスタ回路をテブナンの定理で等価電源 V_1 と等価抵抗 R_1' に変換した回路である．その出力には，外しておいた負荷 R_L が接続される．V_2 は分圧の公式により，次式で求められる．

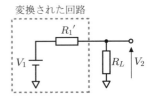

図 2.39 変換された回路

$$V_2 = \frac{R_L V_1}{R_1' + R_L} = \frac{R_L V_1}{R_C + R_L}$$

■ 問題

2.4-1【演習問題】図 2.40 の各回路の V_1 を求めなさい．トランジスタの特性は，$h_{FE} = 100$，$V_{BE} = 0.7$ V である．

〈ヒント〉
(4) $V_{BE} < 0.7$ V より $I_B = 0$ A.
(5) スイッチング動作.
(6) $V_1 = E - V_{BE}$.
(7) エミッタ電圧 V_E，エミッタ電流 I_E，コレクタ電流 I_C，$I_E = V_E/R_E$，$I_C \fallingdotseq I_E$.
(8) コンデンサは直流を流さない．コレクタ電圧 $V_C = V_1 + V_2$.
(9) $I_B = I_1$.
(10) I_1 と R_1 と R_2 の回路を，テブナンの定理で等価抵抗と等価電源に変換する．

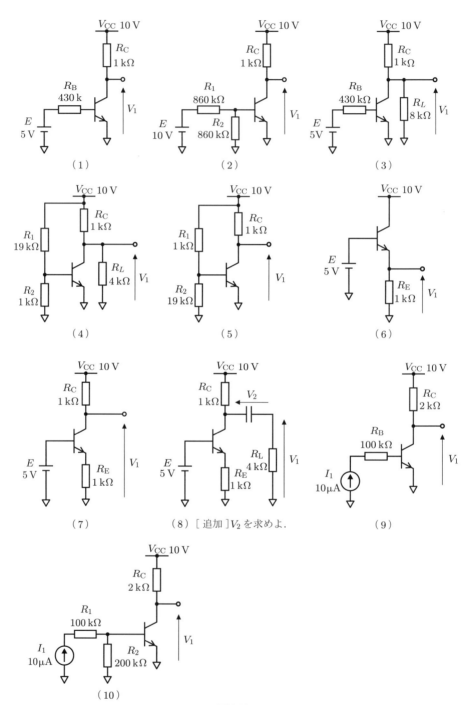

図 2.40

2.4-2【演習問題】トランジスタの特性は，$h_{FE} = 100$，$V_{BE} = 0.7\,\mathrm{V}$である．図 2.41 の各回路においてつぎの問いに答えなさい．

(1) 図 2.41(a) の電圧源 E を $0 \sim 1.5\,\mathrm{V}$ に変化させたときの① 〜 ④の特性を図 2.42 に描きなさい．

　① E-I_B 特性　　② E-I_C 特性　　③ E-V_1 特性　　④ V_1-I_C 特性

(2) 図 2.41(b) の電圧源 E を $0 \sim 1.5\,\mathrm{V}$ に変化させたときの① 〜 ③の特性を図 2.43 に描きなさい．

　① E-V_1 特性　　② E-V_{RC} 特性　　③ E-V_2 特性

(3) 図 2.41(c) の定電流源 I_1 を $0 \sim 70\,\mu\mathrm{A}$ に変化させたときの I_1-I_C 特性と I_1-V_1 特性を図 2.44 に描きなさい．

〈ヒント〉

(1) ① $E \geqq 0.7\,\mathrm{V}$ のとき，$I_B = (E - V_{BE})/R_B$．③ $V_1 = V_{CC} - R_C I_C$．
　④ $I_C = (V_{CC} - V_1)/R_C$．

(2) ① $E = 0.7\,\mathrm{V}$ のとき，$V_1 = E - V_{BE}$．② $I_E = V_1/R_E$．$I_C \fallingdotseq I_E$．$V_{RC} = R_C I_C$．
　③ $V_2 = V_{CC} - V_{RC}$．

(3) $I_1 \leqq 50\,\mu\mathrm{A}$ のとき，$V_1 = V_{CC} - I_C R_C$．$I_1 > 50\,\mu\mathrm{A}$ のとき，スイッチング動作．

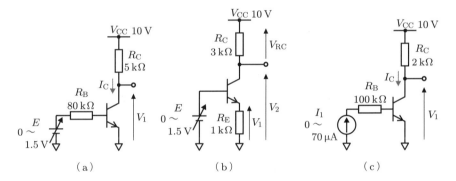

図 2.41

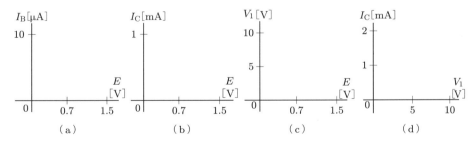

図 2.42

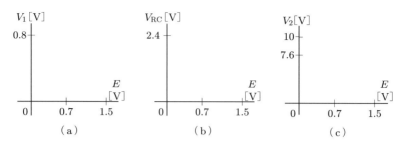

図 2.43

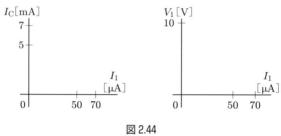

図 2.44

第**3**章

増幅回路（基礎編）

　増幅器は，オーディオ信号を増幅したり，アンテナで受信した微小信号を増幅したりする装置であり，多くの電子機器で用いられる．

　この章では，はじめに静特性を用いて増幅器のしくみについて説明する．つぎに固定バイアス回路を用いた増幅器のしくみについて，最後に交流負荷について説明する．

　増幅器は電子機器内で重要なはたらきをし，あとの応用回路にも多く活用されるため，よく理解しておく必要がある．

3.1 増幅回路の作図による解法

ここでは，直流負荷線と動作点を作図し，増幅器のしくみについて説明する．直流負荷線と動作点を用いると，増幅回路の動作が視覚的に理解しやすくなる．また，それらの理解は，増幅器のバイアス回路を設計する際に役立つ．

1 直流負荷線

図 3.1(b) のグラフは，図 3.1(a) の回路の出力電圧 V_{OUT} - コレクタ電流 I_C 特性である．これを**直流負荷線**とよぶ．直流負荷線は次式で表される．

$$V_{\text{OUT}} = V_{\text{CC}} - R_C I_C \tag{3.1}$$

式(3.1)を変形するとつぎにようになる．

$$I_C = \frac{V_{\text{CC}} - V_{\text{OUT}}}{R_C} \tag{3.2}$$

直流負荷線が V_{OUT} 軸と交わる値は，式(3.1)に $I_C = 0$ を代入して $V_{\text{OUT}} = V_{\text{CC}}$ である．I_C 軸と交わる値は，式(3.2)に $V_{\text{OUT}} = 0$ を代入して $I_C = V_{\text{CC}}/R_C$ である．

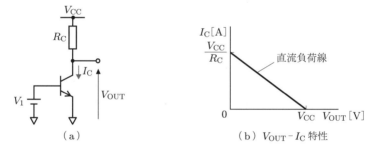

図 3.1 直流負荷線

2 増幅回路の動作

①で説明した直流負荷線を用いて，増幅回路の動作を考えてみよう．

▶ **構造** 図 3.2 は増幅回路である．入力電圧 V_{IN} としてベースバイアス電圧 V_1 と入力信号 v_{in} が加えられる．コレクタ部の OUT が出力端子であり，増幅された信号 v_{out} が出力される．

▶ **作図による解法** 作図により，図 3.2 のコレクタ電流 I_C と出力電圧 V_{OUT} を求める．図 3.3 は左のグラフがトランジスタの静特性（V_{BE} - I_C 特性），右のグラフが直流負荷線である．静特性の下側の枠内①に，ベース・エミッタ間 V_{BE} に加わる V_{IN}

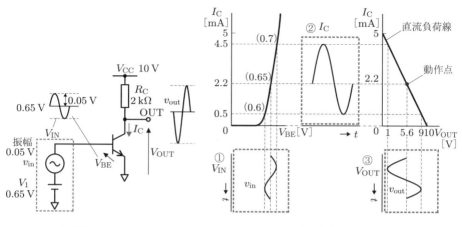

図 3.2 増幅回路　　　　図 3.3 直流負荷線による解法

を示す．V_{IN} は V_1 と v_{in} を合わせた値である．V_{IN} が加わったときのコレクタ電流 I_C は，静特性より求めることができる．その結果を②の枠内に示す．出力電圧 V_{OUT} は，直流負荷線より求めることができる．その結果を③の枠内に示す．

▶ **出力波形の考察**　　入力信号 v_{in} が $0.1\,\mathrm{V_{p\text{-}p}}$ なのに対して，出力信号 v_{out} は $8\,\mathrm{V_{p\text{-}p}}$ であり，信号は増幅される（$[\mathrm{V_{p\text{-}p}}]$ は，波形のピークツーピーク（最小と最大の差）電圧を表す単位）．また，v_{out} の位相は v_{in} に対して逆相である．また，出力信号の波形は上下非対称でありひずむ．これは，トランジスタの V_{BE}–I_C 特性が非線形特性であることが原因である．

▶ **電圧増幅度**　　増幅器の信号に対する電圧増幅度 A_v は，次式で求められる．出力波形はひずんでいるため，増幅度はピークツーピークで計算する．

$$A_v = \frac{v_{out}}{v_{in}} = -\frac{8}{0.1} = -80\,\text{倍} \tag{3.3}$$

増幅度にマイナスが付くのは，入力波形がプラスのときに出力波形はマイナスになり，符号が逆になるからである．つまり，増幅度のマイナス符号は逆相になることを表す．

3 動作点

図 3.2 の回路において，信号 v_{in} を取り除き，バイアス V_1 のみを加えたときの直流負荷線上のポイントを**動作点**という．図 3.3 の動作点は $I_C = 2.2\,\mathrm{mA}$，$V_{OUT} = 5.6\,\mathrm{V}$ の箇所である．v_{in} が与えられると，v_{out} は動作点を中心にして現れる．

▶ V_{OUT} **の動作点を低くした場合**　　図 3.4 は，$V_1 = 0.69\,\mathrm{V}$ として V_{OUT} の動作点

を低くした場合である．2.3 節のスイッチング動作で説明したように，V_{OUT} (V_{CE}) は，0 V より小さくなることはなく，0 V でクリップする．それに伴って I_C も 5 mA でクリップする．

▶ **V_{OUT} の動作点を高くした場合**　図 3.5 は，$V_1 = 0.56$ V として V_{OUT} の動作点を高くした場合である．静特性より V_{BE} が 0.56 V 以下では，I_C はほとんど流れず波形はクリップする．

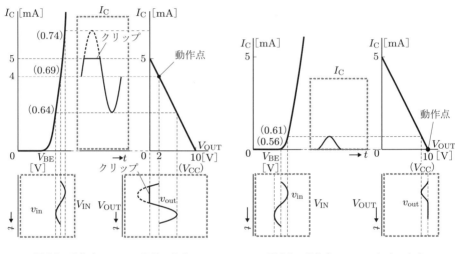

図 3.4　動作点の V_{OUT} が低いとき　　　　図 3.5　動作点の V_{OUT} が高いとき

▶ **動作点の設定場所**　信号が音の場合，V_{OUT} の出力波形がクリップするとその音質は著しくわるくなる．そのため，V_{OUT} の動作点は，出力波形がクリップしにくくなるように，電源電圧 V_{CC} の半分（$V_{CC}/2$）付近に設定される．

例題 3.1　図 3.6(a) の増幅回路においてつぎの問いに答えなさい．トランジスタの静特性（V_{BE}-I_C）は，図 3.6(b) のとおりである．
(1) 増幅回路の動作点が $V_{CC}/2$ となるように電源電圧 V_1 を求めなさい．
(2) 設計した増幅器に入力信号 v_{in}（1 kHz，20 mV$_{p-p}$）の正弦波を入力したときの電圧 V_{BE}，コレクタ電流 I_C，出力信号 V_{OUT} の波形を描きなさい．
(3) この増幅器の電圧増幅度 A_v を求めなさい．

答え　(1) 式(3.2) より，$I_C = (V_{CC} - V_{OUT})/R_C = (V_{CC} - V_{CC}/2)/R_C = 2$ mA．静特性より $I_C = 2$ mA のとき，$V_{BE} = 0.7$ V．したがって，電源電圧 $V_1 = 0.7$ V．
(2) 電圧 V_{BE} は，電源電圧 V_1 と信号 v_{in} を合わせた図 3.7(a) の波形となる．
　コレクタ電流 I_C は，静特性より作図して図 3.7(b) の波形となる．

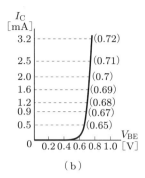

(a)　　　　　　　　　　(b)

図 3.6

V_{OUT} は，式(3.1)に I_C = 1.6, 2.0, 2.5 mA を代入して以下のように求めることができる．

I_C = 1.6 mA のとき　$V_{\text{OUT}} = V_{\text{CC}} - R_C I_C$ = 6 V

I_C = 2.0 mA のとき　V_{OUT} = 5 V

I_C = 2.5 mA のとき　V_{OUT} = 3.75 V

上の結果より求めた V_{OUT} の波形を図 3.7(c) に示す．
(3) 出力波形はひずんでいるため，増幅度はつぎのようにピークツーピークで計算する．

$$A_v = \frac{v_{\text{out}}}{v_{\text{in}}} = -\frac{2.25}{20 \times 10^{-3}} = -112.5 \text{ 倍}$$

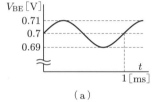

(a)

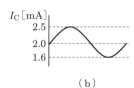

(b)

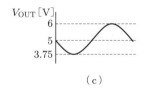

(c)

図 3.7

■ 問題

3.1-1【増幅回路と動作点】 図 3.8(a) の回路においてつぎの問いに答えなさい．バイアス電圧 V_1 は 0.65 V である．
(1) 直流負荷線を図 3.8(b) のグラフに描きなさい．
(2) 交流信号 v_{in} を図 3.8(a) のベースに追加して増幅回路を作りなさい．
(3) v_{in} を加えたときの V_{BE} の波形を描きなさい．v_{in} は 0.1 $V_{\text{p-p}}$ である．
(4) v_{in} を加えたときのコレクタ電流 I_C と，出力電圧 V_{OUT} の波形を図 3.8(b) に作図しなさい．

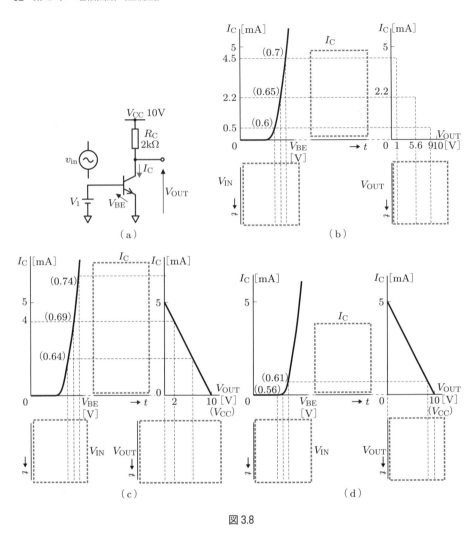

図 3.8

(5) 動作点を直流負荷線上に描きなさい．
(6) 信号の電圧増幅度 A_v を求めなさい．
(7) V_OUT の波形がひずむ理由を述べなさい．
(8) $V_1 = 0.69$ V，$v_\mathrm{in} = 0.1$ $V_\mathrm{p\text{-}p}$ のとき，V_OUT を図 3.8(c) に作図しなさい．
(9) $V_1 = 0.56$ V，$v_\mathrm{in} = 0.1$ $V_\mathrm{p\text{-}p}$ のとき，V_OUT を図 3.8(d) に作図しなさい．

3.1-2【増幅回路の計算】図 3.9(a) の回路においてつぎの問いに答えなさい．トランジスタの静特性は図 3.9(b) のとおりである．
(1) 動作点が $V_\mathrm{CC}/2$ となるようにベースバイアス電圧 V_1 を求めなさい．
(2) 設計した増幅器に入力信号 10 kHz，20 $mV_\mathrm{p\text{-}p}$ の正弦波を入力したときのベース

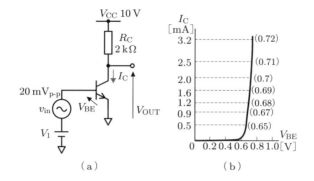

図 3.9

エミッタ間電圧 V_{BE}, コレクタ電流 I_C, 出力信号 V_{OUT} の波形を描きなさい.
(3) この増幅器の電圧増幅度 A_v を求めなさい.

3.2 固定バイアス増幅回路

増幅回路の動作点は，温度が変化しても一定であることが求められる．ここでは，温度変化に対して比較的安定に動作する固定バイアス回路とそれを用いた増幅回路（固定バイアス増幅回路）を説明する．

1 温度変化による動作点の移動

図 3.2 の増幅回路は，温度変化により動作点が大幅に変化するため，実際には使われていない．図 3.10 はそのバイアス回路である．

図 3.11 はトランジスタの静特性であり，黒線が 25°C，灰色の線が 35°C の特性である．V_{BE} - I_C 特性の立ち上がり電圧は，ダイオードと同様に約 $-2\,\mathrm{mV/°C}$ の温度係数をもつ．そのため，温度が 10°C 上昇すると立ち上がり電圧は 20 mV 下がる．

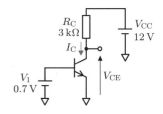

図 3.10　ベースに直接電源を接続した回路

図 3.11 の静特性をみると，V_1（V_{BE}）が 0.7 V，25°C のときのコレクタのバイアス電流（**コレクタバイアス電流**）I_C は 2.0 mA であるのに対して，35°C のときの I_C は 3.2 mA であり，温度に対して著しく変化する．

図 3.12 は，式(3.2)を用いて描かれた図 3.10 の直流負荷線のグラフである．25°C のときの動作点は $V_{CE} = 6\,\mathrm{V}$（$= V_{CC}/2$）であり，適切な場所に位置する．しかし 35°C になると，動作点は $V_{CE} = 2.4\,\mathrm{V}$ に移動し，出力波形がクリップしやすくなる．

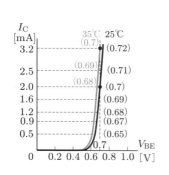

図 3.11　トランジスタの静特性

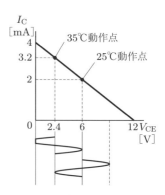

図 3.12　直流負荷線と動作点

2 固定バイアス回路の動作

図 3.13 のように，電圧源 V_1 とベースの間に抵抗 R_B を挿入した回路を**固定バイアス回路**という．この R_B をベース抵抗という．R_B の挿入により，V_{BE} の温度変化に対してコレクタバイアス電流 I_C の変化は小さくなる．

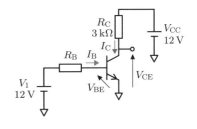

図 3.13 固定バイアス回路

▶ **動作点**　ここまで説明してきたように，図 3.13 の固定バイアス回路の動作点（I_C，V_{CE}）は次式で求められる．

$$I_B = \frac{V_1 - V_{BE}}{R_B} \tag{3.4}$$

$$I_C = h_{FE} I_B \tag{3.5}$$

$$V_{CE} = V_{CC} - R_C I_C \tag{3.6}$$

▶ **安定度**　温度変化によって図 3.13 の回路の V_{BE} が変化したとする．$V_1 \gg V_{BE}$ とすると，式(3.4) の I_B の変化率は小さく，それに伴い I_C，V_{CE} の変化率も小さい．

動作点の変化のしにくさを**安定度**という．固定バイアス回路は，V_{BE} に対して安定度がよい．

3 固定バイアス増幅回路

▶ **構造**　図 3.14 は，固定バイアス回路を用いた増幅回路（**固定バイアス増幅回路**）である．ベースバイアスに電源 V_{CC} が用いられ，単電源（一つの電源）で動作する．ベースには，コンデンサ C を介して信号が入力される．コンデンサは十分大きな容量をもつものとする．

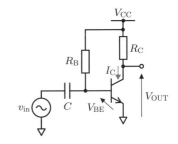

図 3.14 固定バイアス増幅回路

▶ **入力回路**　図 3.14 の入力電圧 V_{BE} について考える．

〈バイアスのみの回路〉　図 3.15(a) 左は，図 3.14 の入力信号 v_{in} を取り除いた，バイアス電圧のみの回路である．ベース電流 I_B が流れ，ベース・エミッタ間に $V_{BE}{}'$ の電圧が加わる．コンデンサには，電流 I_1 が流れて電荷が充電され，直流電圧 $V_{BE}{}'$ が加わる．この充電されたコンデンサは，図 3.15(a) 右に示すように，直流電源 $V_{BE}{}'$ に置き換えて考えることができる．

〈信号を加えたときの回路〉　図 3.15(b) 左は，図 3.15(a) に信号源を加えた回路であ

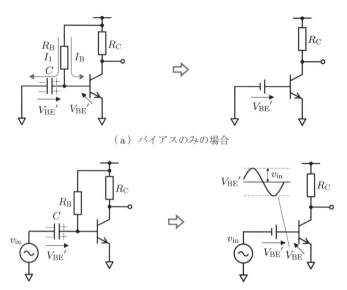

（a）バイアスのみの場合

（b）信号を加えた場合

図 3.15　入力回路

る．図 3.15(b) 右は，充電されたコンデンサ C を直流電源に置き換えた回路である．このとき V_{BE} は，V_{BE}' と v_{in} を合わせた電圧である．ベースにはバイアスと信号電圧が加わり，図 3.14 の回路は増幅器として動作する．

例題 3.2　図 3.14 の回路においてつぎの問いに答えなさい．$h_{FE} = 200$，$V_{BE} = 0.7\,\text{V}$，$V_{CC} = 10\,\text{V}$，動作点は $V_{OUT} = 5\,\text{V}$，$I_C = 2\,\text{mA}$ とする．トランジスタの静特性は図 3.11 とする．

(1) R_C と R_B を決定しなさい．
(2) 入力信号 $v_{in} = 10\,\text{mV}$（振幅）のとき，V_{BE}，I_C，V_{OUT} の波形を求めなさい．

答え　(1) 式 (3.6) より，$R_C = (V_{CC} - V_{OUT})/I_C = 2.5\,\text{k}\Omega$．式 (3.4) より，$R_B = (V_{CC} - V_{BE})/I_B = (V_{CC} - V_{BE})/(I_C/h_{FE}) = 930\,\text{k}\Omega$．
(2) 図 3.15(b) より $V_{BE} = V_{BE}' + v_{in}$ なので，V_{BE} は図 3.16(a) のようになる．I_C は図

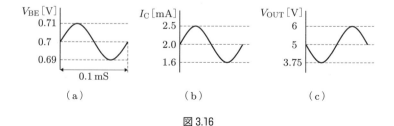

(a)　　　　　(b)　　　　　(c)

図 3.16

3.11 より図 3.16(b) のようになる．V_{OUT} は式(3.6)より図 3.16(c) のようになる．

■ 問題

3.2-1【温度による動作点の移動】 図 3.17(a) の回路においてつぎの問いに答えなさい．トランジスタの静特性は図 3.17(b) のとおりである．
(1) 直流負荷線を図 3.17(c) に描きなさい．
(2) ベースバイアス電圧 $V_1 = 0.7\,\text{V}$ のときの動作点を直流負荷線にプロットしなさい．
(3) 温度が 10°C 上昇した．このときのトランジスタの静特性 $V_{\text{BE}} - I_{\text{C}}$ を図 3.17(b) のグラフに描きなさい．
(4) 温度が 10°C 上昇したときの動作点を直流負荷線にプロットしなさい．

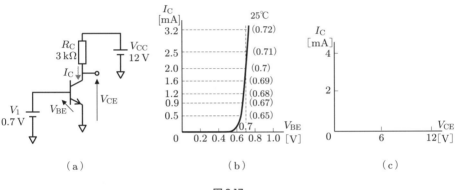

図 3.17

3.2-2【固定バイアス回路】 つぎの問いに答えなさい．
(1) 図 3.18 の回路の動作点が $V_{\text{CC}}/2$ となるようにベース抵抗 R_{B} を決定しなさい．トランジスタの特性は，$h_{\text{FE}} = 100$，$V_{\text{BE}} = 0.7\,\text{V}$ とする．
(2) (1) で求めた R_{B} の値を用いて，温度上昇により $V_{\text{BE}} = 0.6\,\text{V}$ に変化したときの動作点を求めなさい．

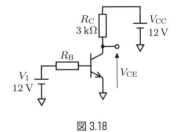

図 3.18

3.2-3【固定バイアス増幅回路】 図 3.19(a) のトランジスタ回路の $V_{\text{BE}} - I_{\text{C}}$ 特性を図 3.19(b) に示す．つぎの問いに答えなさい．$h_{\text{FE}} = 200$ とする．
(1) 動作点が $V_{\text{CC}}/2$ となる V_{BE} を静特性より読み取り，ベース抵抗 R_{B} を求めなさい．
(2) 図 3.19(a) の回路に交流電源を追加して増幅器を作りなさい．
(3) 完成させた増幅器の V_{BE} の波形を描きなさい．
(4) 完成させた増幅器の I_{C} の波形を描きなさい．
(5) 完成させた増幅器の V_{OUT} の波形を描きなさい．

(6) 増幅器の電圧増幅度 A_v を求めなさい.

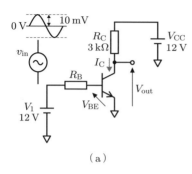
(a)

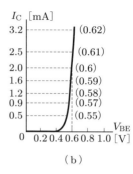
(b)

図 3.19

3.3 交流負荷

直流に対する負荷（直流負荷）と交流に対する負荷（交流負荷）が同じ場合，信号とバイアスはまとめて解析できるが，直流負荷と交流負荷が異なる場合，それらは直流負荷線と交流負荷線を用いて別々に解析される．ここでは，交流負荷線を使った回路解析法を説明する．交流負荷線を用いると，交流負荷をもつ増幅回路の動作を理解しやすくなる．

1 バイアスと信号をまとめた計算

図 3.20 の増幅回路のコレクタ電流 I_C とコレクタ・エミッタ間電圧 V_{CE} の波形を図に示す．I_C は，バイアス電流 I_C' と信号電流 i_c を含んでおり，二つをまとめて次式で表される．

$$I_C = I_C' + i_c \tag{3.7}$$

直流負荷と交流負荷はともに R_C で同じであるため，出力電圧 V_{CE} は次式で表される．

$$V_{CE} = V_{CC} - R_C I_C \tag{3.8}$$

式(3.7)を式(3.8)に代入すると，次式のようになる．

$$V_{CE} = \underbrace{V_{CC} - R_C I_C'}_{V_{CE}'} \underbrace{- R_C i_c}_{v_{ce}} \tag{3.9}$$

式(3.9)の V_{CE} は，バイアス成分 $V_{CE}' = V_{CC} - R_C I_C'$ と信号成分 $v_{ce} = -R_C i_c$ を含んでおり，図 3.20 に示した波形が得られる．v_{ce} のマイナス符号は，v_{ce} が i_c に対して逆位相であることを意味する．

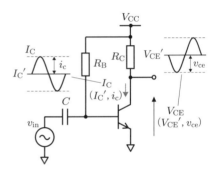

図 3.20 増幅回路

2 交流負荷をもつ増幅回路の解析

図 3.21 は，図 3.20 の出力にコンデンサ C_2 と負荷 R_L が追加された増幅回路である．図 3.21 のコンデンサ C_1, C_2 は，**カップリングコンデンサ（結合コンデンサ）** とよばれ，直流成分をカットするために挿入される．カップリングコンデンサは，増幅器の入出力端子にほかの回路を接続してもバイアス電圧が変化しないようにするはたらきや，負荷 R_L に直流成分を流さないようにするはたらきがあ

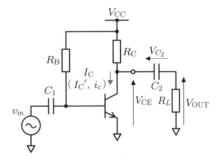

図 3.21 負荷が接続された増幅回路

る.

　この回路の出力電圧 V_{CE} と V_{OUT} を求める．C_1 と C_2 の容量は十分に大きく，インピーダンスはゼロとする．図 3.21 の回路は，図 3.22，図 3.23 に示すように，直流負荷 R_{DC} と交流負荷 R_{AC} が異なるため，[1]の手法や直流負荷線（3.1 節）を用いて V_{CE} を求めることはできない．このような回路は，バイアスと信号を分けて考える．

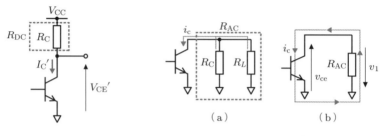

図 3.22　直流に対する回路　　　　図 3.23　交流に対する回路

▶ **バイアス（直流）に対する回路**　　図 3.22 は，図 3.21 の直流に対する出力回路である．コンデンサの直流に対するインピーダンスは∞であるため，C_2 より先の回路は切り離して考える．このとき，$I_C{}'$ は R_C を流れるため，直流負荷 R_{DC} は R_C である．直流に対するコレクタ・エミッタ間電圧 $V_{CE}{}'$ は，次式で求められる．

$$V_{CE}{}' = V_{CC} - R_C I_C{}' \tag{3.10}$$

▶ **信号（交流）に対する回路**　　図 3.23(a)は，図 3.21 の交流に対する回路である．C_2 のインピーダンスはゼロのためショートされる．また，直流電圧 V_{CC} もショートされる．i_c は，R_C と R_L に流れるため，交流負荷 R_{AC} は R_C と R_L の並列である．

$$R_{AC} = R_C // R_L \tag{3.11}$$

図 3.23(b)の R_{AC} に i_c が流れた際に発生する電圧 v_1 は，次式で求められる．

$$v_1 = i_c R_{AC} \tag{3.12}$$

v_{ce} は v_1 と矢印方向が逆のため，符号が逆になる．

$$v_{ce} = -v_1 = -i_c R_{AC} \tag{3.13}$$

直流と交流を含む V_{CE} は次式で求められる．

$$V_{CE} = V_{CE}{}' + v_{ce} \tag{3.14}$$

式(3.13)を式(3.14)に代入すると，次式となる．

$$V_{CE} = V_{CE}{}' - i_c R_{AC} \tag{3.15}$$

3　交流負荷線を用いた解法

　交流負荷線とは，図 3.21 のような交流負荷をもつ増幅回路の V_{CE} - I_C 特性である．

ここでは，交流負荷線を用いて図3.21の出力電圧 V_{CE} を求める．

▶ **直流負荷線** はじめに，直流負荷線と動作点を求める．直流負荷線は式(3.10)に基づいて描くことができる．結果を図3.24に示す．動作点 P はバイアス点であり，(I_C', V_{CE}') の箇所である．

▶ **交流負荷線** 図3.24に交流負荷線を示す．交流負荷線は式(3.15)に基づいてつぎのように描く．

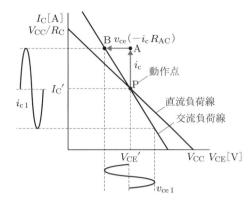

図3.24 交流負荷線

① 点 P から I_C が i_c 増加した箇所を点 A とする．
② 点 A より V_{CE} が v_{ce} だけ変化（$i_c R_{AC}$ 減少）する箇所を点 B とする．
③ 点 P と点 B を直線で結ぶ．

図3.24のコレクタに信号 i_{c1} が流れたときの出力信号 v_{ce1} の波形は交流負荷線を用いて作図できる．i_{c1} が流れると，v_{ce1} は点 P より発生し，その大きさは $-i_{c1}R_{AC}$ である．

4 出力電圧 V_{OUT} とコンデンサ電圧 V_{C_2}

▶ **出力電圧 V_{OUT} を求める** 図3.21の負荷 R_L には C_2 が挿入されているため，直流成分は加わらない．したがって，V_{OUT} は式(3.14)の V_{CE} より直流成分 V_{CE}' を取り除いたものであり，次式のように信号のみとなる．

$$V_{OUT} = v_{ce} \tag{3.16}$$

▶ **コンデンサ電圧 V_{C_2} を求める** 出力回路より V_{C_2} は次式で表せる．

$$V_{C_2} = V_{CE} - V_{OUT} \tag{3.17}$$

式(3.17)に式(3.14)と式(3.16)を代入すると次式となる．

$$V_{C_2} = V_{CE}' \tag{3.18}$$

コンデンサには V_{CE} の直流成分のみが加わる．

■ 問題

3.3-1【バイアスと信号をまとめての計算】 図3.25の回路のコレクタ電流 I_C は，バイアス電流 I_C' と信号電流 i_c を含んでいる．つぎの問いに答えなさい．
(1) I_C を I_C' と i_c で表しなさい．
(2) コレクタ・エミッタ間電圧 V_{CE} のバイアス成分 V_{CE}' と信号成分 v_{ce} を求めなさい．

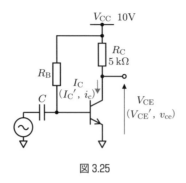

図 3.25

(3) $I_C' = 1\,\mathrm{mA}$, $i_c = 0.4\,\mathrm{mA}$（振幅）のとき，V_{CE} の波形を描きなさい．

3.3-2【交流負荷をもつ増幅回路】図 3.26(a) の回路のコレクタにバイアス電流 $I_C' = 1\,\mathrm{mA}$ と信号電流 i_c（振幅 0.4 mA）が流れている．コンデンサの値は十分大きいものとする．

(1) 直流負荷 R_{DC} を求め，直流負荷線と動作点 P を図 3.26(b) のグラフに描きなさい．
(2) 交流負荷 R_{AC} を求めなさい．
(3) V_{CE} のバイアス成分 V_{CE}' と信号成分 v_{ce} を求めなさい．
(4) 交流負荷線を図 3.26(b) のグラフに描きなさい．
(5) コレクタ電流 I_C (I_C', i_c) が流れたときの V_{CE} を，(4) で作成した交流負荷線を用いて求めなさい．
(6) 増幅器の入出力に接続されたコンデンサ (C_1, C_2) の名称とはたらきを述べなさい．
(7) V_{C_2} と V_{OUT} を求めなさい．

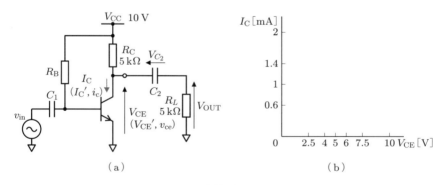

図 3.26

第**4**章

増幅回路（実用編）

　第3章では，動作点が安定なバイアス回路として固定バイアス回路を説明したが，実際に製品に組み込まれる増幅回路は，より動作点が安定する自己バイアス回路や電流帰還バイアス回路である．これらの増幅回路は構造が複雑になるため，バイアス回路と信号増幅回路に分けて設計される．その際，信号増幅回路の解析にhパラメータで表された等価回路がよく用いられる．

　この章では，はじめにhパラメータを用いた等価回路とそれを用いた増幅度の計算方法について説明する．その後，自己バイアス回路や電流帰還バイアス回路を用いた増幅回路について説明する．

　hパラメータを用いると非線形回路を線形回路に変換することができ，回路計算がたいへん簡単になる．

4.1 hパラメータ

トランジスタは，小信号に対して四つの h パラメータで表すことができ，これを用いると増幅度の計算が簡単にできる．ここでは，h パラメータを使った増幅度の計算方法について説明する．

1 hパラメータの種類

h パラメータには表 4.1 に示す四つのものがある．順に解説しよう．

表4.1　h パラメータ一覧

記号	名　称	単位
h_{fe}	小信号電流増幅率	なし
h_{ie}	入力インピーダンス	Ω
h_{oe}	出力アドミタンス	S
h_{re}	電圧帰還率	なし

▶ **小信号電流増幅率 h_{fe}**　h_{fe} は，図 4.1 の増幅回路におけるベース信号電流 i_b とコレクタ信号電流 i_c の比であり，小信号に対する電流増幅率である．h_{fe} は次式で求められる．

$$h_{fe} = \frac{i_c}{i_b} \quad (4.1)$$

これまで使用してきた直流電流増幅率 h_{FE} は添字が大文字であり，直流に対する電流増幅率を表す．図 4.2 に h_{fe} の周波数特性の例を示す．0 Hz での電流増幅率が h_{FE} であり，それ以外は h_{fe} である．h_{fe} は低い周波数ではほぼ一定であり，h_{FE} と変わりない．本書では，断りがないかぎり，h_{FE} と h_{fe} は同じ値とする．

▶ **入力インピーダンス h_{ie}**　トランジスタのベース・エミッタ間は，直流においては図 4.3(a) のようにダイオードとして動作するが，小信号においては，図 4.3(b) のように抵抗として動作する．この抵抗値が h_{ie} で表される．単位は [Ω] である．

図 4.4 は V_{BE} - I_B の静特性である．下部と右の波形は，図 4.1 のベース・エミッタ間に加わる信号 v_{be} (10 mV) とベース電流 i_b である．

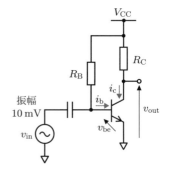

図4.1　増幅回路

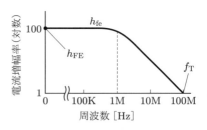

図4.2　h_{fe} の周波数特性

V_{BE} - I_B 特性は全体では非線形であるが，小信号 v_{be} の範囲ではほぼ線形である．そのため，小信号に対してベース・エミッタ間を抵抗とみなすことができる．その入

4.1 *h*パラメータ

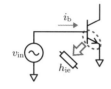
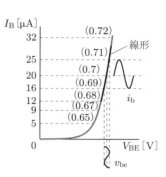

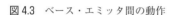

（a）直流に対して　　（b）小信号に対して

図 4.3　ベース・エミッタ間の動作　　　　図 4.4　小信号の動作

力インピーダンス h_{ie} は次式で表される．

$$h_{ie} = \frac{v_{be}}{i_b} \tag{4.2}$$

例題 4.1　図 4.4 の v_{be} と i_b より h_{ie} の値を求めなさい．

答え　グラフより i_b のピーク電流を読み取り，式 (4.2) に値を代入するとつぎのように求められる．

$$h_{ie} = \frac{0.71 - 0.69}{25 \times 10^{-6} - 16 \times 10^{-6}} \fallingdotseq 2.2\,\text{k}\Omega$$

▶ **出力アドミタンス h_{oe}**　h_{oe} はコレクタ・エミッタ間のアドミタンス値である．これまでコレクタ・エミッタ間の抵抗値は∞として扱ってきたが（図 2.38 参照），厳密には，図 4.5 のように抵抗 $R = 1/h_{oe}$ が接続されたモデルとして扱われる．

h_{oe} の値はたいへん小さく，R の値は通常コレクタ抵抗 R_C より十分大きくなる．そのため，h_{oe} は無視される．

▶ **電圧帰還率 h_{re}**　h_{re} は出力電圧 v_{out} が入力に戻る割合である．h_{re} の値はたいへん小さいため，無視できる．

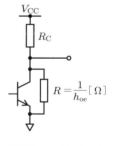

図 4.5　*h* パラメータ

2　電圧増幅度 A_v

h_{fe} と h_{ie} を用いて図 4.1 の増幅器の i_b，i_c，v_{out}，そして信号の電圧増幅度 A_v を計算してみよう．コンデンサの容量は十分大きく，そのインピーダンスはゼロとする．

i_b は式 (4.2) よりつぎのように表せる．

$$i_b = \frac{v_{in}}{h_{ie}} \tag{4.3}$$

また，i_c，v_{out}，A_v はつぎのように表せる．

$$i_c = h_{fe} i_b \tag{4.4}$$

$$v_{out} = -R_C i_c \quad (式(3.9)より) \tag{4.5}$$

$$A_v = \frac{v_{out}}{v_{in}} \tag{4.6}$$

式(4.3)〜(4.6)より，次式が導かれる．

$$A_v = -\frac{h_{fe}}{h_{ie}} R_C \tag{4.7}$$

式(4.7)は，トランジスタを用いた増幅器の電圧増幅度を求める式であり，たいへん重要である．符号がマイナスなのは，逆相になることを意味する．

3 コレクタバイアス電流 I_C による h_{ie} の変化

h パラメータは特定の決まった値ではなく，コレクタバイアス電流 I_C によって変化する．図4.6の静特性におけるバイアスが $I_C = 1.2\,\text{mA}$（$I_B = 12\,\mu\text{A}$）のときの入力インピーダンス h_{ie1} と $I_C = 2.5\,\text{mA}$（$I_B = 25\,\mu\text{A}$）のときの入力インピーダンス h_{ie2} を式(4.2)より計算するとつぎのようになる．v_{be} の振幅は 10 mV とする．

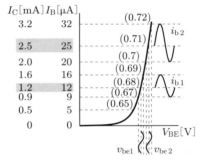

図 4.6　I_C による h_{ie} の変化

$I_C = 1.2\,\text{mA}$ のとき：

$$h_{ie1} = \frac{v_{be1}}{i_{b1}} = \frac{0.69 - 0.67}{16 \times 10^{-6} - 9 \times 10^{-6}} \fallingdotseq 2.9\,\text{k}\Omega$$

$I_C = 2.5\,\text{mA}$ のとき：

$$h_{ie2} = \frac{v_{be2}}{i_{b2}} = \frac{0.72 - 0.7}{32 \times 10^{-6} - 20 \times 10^{-6}} \fallingdotseq 1.7\,\text{k}\Omega$$

計算結果からわかるように，h_{ie} はバイアス I_C を大きくするほど小さくなる．

4 データシートの h パラメータ

h パラメータを用いて増幅回路を設計する際，コレクタ電流に対する h パラメータの値が必要となる．h パラメータは，メーカーより提供されているデータシートに記載されている．図4.7は，トランジスタ 2SC1815 のデータシートに記載されている h パラメータである．コレクタバイアス電流 I_C に対する四つの h パラメータが，ランクごとに表示されている．

$I_C = 1$ mA のとき，ランク GR の h パラメータは，おおよそ $h_{fe} = 300$, $h_{ie} = 7.5$ kΩ と読み取れる．I_C の増加に対し，h_{fe} は緩やかに増加し，h_{ie} は図 4.6 で解説したように減少する．

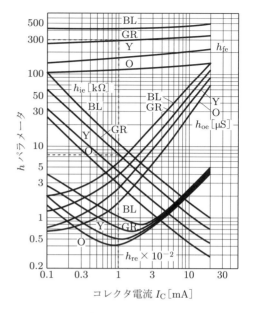

図 4.7　2SC1815 の h パラメータ

■ 問題

4.1-1【h パラメータの種類】 つぎの問いに答えなさい．
(1) 小信号の解析に用いられる四つの h パラメータについて記号，名称，単位を答えなさい．
(2) h_{FE} と h_{fe} の違いを述べなさい．

4.1-2【入力インピーダンス】 つぎの問いに答えなさい．
(1) 小信号におけるベース・エミッタ間の等価回路を描きなさい．
(2) 図 4.8 の静特性より，ベースバイアス電流 $I_B = 16$ μA のときの入力インピーダンス h_{ie} を求めなさい．

4.1-3【電圧増幅度】 図 4.9 の回路のトランジスタの特性は，$h_{fe} = 100$, $h_{ie} = 2$ kΩ である．コンデンサの容量は十分大きく無視できるものとする．小信号における以下の電流，電圧を求めなさい．
(1) ベース電流 i_b を求めなさい．
(2) コレクタ電流 i_c を求めなさい．
(3) 出力電圧 v_{out} を求めなさい．
(4) 信号の電圧増幅度 A_v を求めなさい．
(5) つぎの増幅度の式を導きなさい．

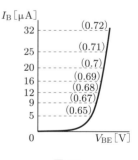

図 4.8

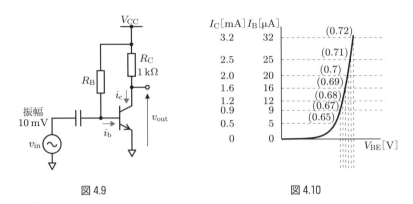

図 4.9　　　　　　　　　　　図 4.10

$$A_{\mathrm{v}} = -\frac{h_{\mathrm{fe}}}{h_{\mathrm{ie}}} R_{\mathrm{C}}$$

4.1-4【I_C による h_{ie} 変化】 図 4.10 の静特性のグラフより，$I_C = 1.2$ mA のときの入力インピーダンス h_{ie1} と $I_C = 2.5$ mA のときの入力インピーダンス h_{ie2} の大きさを比較しなさい．

4.1-5【h パラメータの読み取り】 図 4.7 の I_C -h パラメータのグラフを使い，つぎの問いに答えなさい．
(1) ランク GR，$I_C = 1$ mA の h_{fe} と h_{ie} を読み取りなさい．また，I_C が増加したとき，h_{fe} と h_{ie} はどのように変化するか答えなさい．
(2) ランク GR，$I_C = 1$ mA のときの出力アドミッタンス h_{oe} を読み取り，コレクタ・エミッタ間の抵抗 R を求めなさい．

4.1-6【演習問題】 図 4.11 のトランジスタは 2SC1815O であり，コレクタバイアス電流が 1 mA である．
(1) h パラメータ h_{fe} と h_{ie} を図 4.7 のグラフから読み取りなさい．
(2) 小信号における電圧増幅度 A_v を求めなさい．

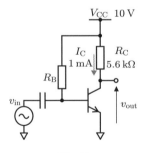

図 4.11

4.2 小信号等価回路

ここでは，非線形の増幅回路を，h パラメータを用いて線形の等価回路に変換し，信号増幅度や回路の入出力インピーダンスを計算する方法について説明する．

1 トランジスタの小信号等価回路

図 4.12 に，トランジスタを小信号に対する等価回路（小信号等価回路）に変換する手順を示す．図 4.12(b) は，図 4.12(a) のトランジスタを h パラメータで表した回路である．

4.1 節で説明したように，ベース・エミッタ間は抵抗 h_{ie} に置き換えることができる．また，コレクタ・エミッタ間は，電流源として置き換えられ，その電流値は $h_{fe}i_b$ である（図 2.38）．図 4.12(c) は，図 4.12(b) のエミッタ端子を入力側と出力側の二つに分けたものであり，これがトランジスタの小信号等価回路である．

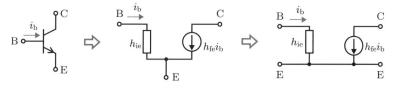

（a）トランジスタ　（b）線形素子に置き換えた回路　（c）小信号等価回路

図 4.12　トランジスタの小信号等価回路への変換

2 固定バイアス増幅回路の小信号等価回路

図 4.13 は，固定バイアス増幅回路である．この回路を小信号等価回路に置き換える．コンデンサの容量は十分大きく，そのインピーダンスは十分小さいものとする．i_{in} は入力電流，i_{out} は出力電流である．

図 4.14(a) は，図 4.13 の交流に対する回路である．直流電圧 V_{CC} とコンデンサはショートされる．図 4.14(b) は，図 4.14(a) のトランジスタを図 4.12(c) の小信号等価回路に変換したものである．

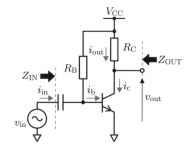

図 4.13　固定バイアス増幅回路

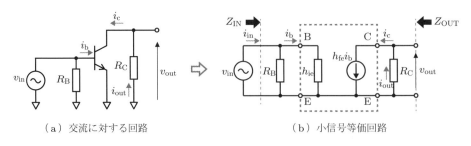

(a) 交流に対する回路　　　　(b) 小信号等価回路

図 4.14　固定バイアス増幅回路の小信号等価回路への変換

▶ **増幅度の計算**　図 4.14(b) の等価回路を用いて電圧増幅度 A_v と電流増幅度 A_i，電力増幅度 A_p を求めてみよう．ただし，$R_B \gg h_{ie}$ とする．

〈電圧増幅度 A_v〉　A_v はつぎのように求められる．

$$A_v = \frac{v_{out}}{v_{in}} = -\frac{i_c R_C}{v_{in}} = -\frac{h_{fe} i_b R_C}{v_{in}} = -\frac{h_{fe}(v_{in}/h_{ie}) R_C}{v_{in}} = -\frac{h_{fe}}{h_{ie}} R_C \tag{4.8}$$

〈電流増幅度 A_i〉　$R_B \gg h_{ie}$ より $i_{in} \fallingdotseq i_b$ であり，A_i はつぎのように求められる．

$$A_i = \frac{i_{out}}{i_{in}} \fallingdotseq \frac{i_c}{i_b} = \frac{h_{fe} i_b}{i_b} = h_{fe} \tag{4.9}$$

〈電力増幅度 A_p〉　A_p はつぎのように求められる．

$$A_p = \frac{P_{out}}{P_{in}} = \left| \frac{v_{out} i_{out}}{v_{in} i_{in}} \right| = |A_v A_i| \tag{4.10}$$

ここで，P_{in} は増幅回路に入力される電力，P_{out} は負荷 R_C で消費される電力である．電力の符号はプラスなので，絶対値としている．

▶ **増幅回路の入出力インピーダンス**

〈入力インピーダンス Z_{IN}〉　図 4.14(b) の信号源より増幅回路をみたときの Z_{IN} は $Z_{IN} = R_B // h_{ie}$ なので，$R_B \gg h_{ie}$ より次式で求められる．

$$Z_{IN} \fallingdotseq h_{ie} \tag{4.11}$$

〈出力インピーダンス Z_{OUT}〉　図 4.14(b) の Z_{OUT} は，電流源のインピーダンスが ∞ であるため，つぎのとおりである．

$$Z_{OUT} = R_C \tag{4.12}$$

3　電流帰還バイアス増幅回路の小信号等価回路

　図 4.15 は，電流帰還バイアス増幅器とよばれる増幅回路である（詳しくは 4.5 節参照）．ここでは，この増幅器の増幅度と入出力インピーダンスを求めてみよう．コンデンサの容量は，十分大きいものとする．

図 4.16(a)は，図 4.15 の交流に対する回路である．エミッタに接続されたコンデンサ C_3 によって，エミッタは交流的にグランドに接続される．また，C_1，C_2，V_{CC} はショートされる．

図 4.16(b)は，トランジスタを小信号等価回路に置き換えた回路であり，図 4.16(c)は図 4.16(b)の R_A と R_B を合成抵抗 R_1 に，また R_C と R_L を合成抵抗 R_{AC} に置き換えた回路である．

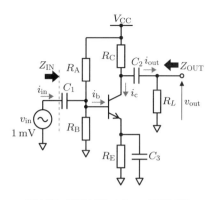

図 4.15　電流帰還バイアス増幅回路

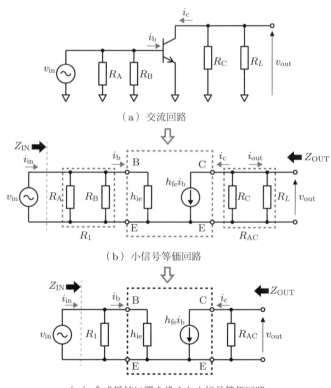

(a) 交流回路

(b) 小信号等価回路

(c) 合成抵抗に置き換えた小信号等価回路

図 4.16　電流帰還バイアス増幅回路の小信号等価回路への変換

▶ **増幅度の計算**　図 4.16(c)の等価回路より，電圧増幅度 A_v，電流増幅度 A_i，電力増幅度 A_p を求めてみよう．

82　第 4 章　増幅回路（実用編）

〈電圧増幅度 A_v〉　図 4.16(c) と図 4.14(b) は同じ回路である．したがって，式 (4.8) より A_v は次式となる．

$$R_{AC} = R_C /\!/ R_L, \qquad A_v = -\frac{h_{fe}}{h_{ie}} R_{AC} \tag{4.13}$$

〈電流増幅度 A_i〉　A_i はつぎのように求められる．

$$A_i = \frac{i_{out}}{i_{in}} \tag{4.14}$$

図 4.16(c) にて分流の公式を用いると次式が得られる．ここで，$R_1 = R_A /\!/ R_B$ である．

$$i_b = \frac{R_1}{R_1 + h_{ie}} i_{in} \tag{4.15}$$

図 4.16(b) にて分流の公式を用いると次式が得られる．

$$i_{out} = -\frac{R_C}{R_C + R_L} i_c \tag{4.16}$$

式 (4.15)，(4.16) を式 (4.14) に代入すると次式となる．

$$A_i = -\frac{R_1 R_C h_{fe}}{(R_1 + h_{ie})(R_C + R_L)} \tag{4.17}$$

〈電力増幅度 A_p〉　A_p はつぎのように求められる．ここで，P_{in} は入力電力，P_{out} は出力電力である．

$$A_p = \frac{P_{out}}{P_{in}} = \left| \frac{v_{out} i_{out}}{v_{in} i_{in}} \right| = |A_v A_i| \tag{4.18}$$

▶ 入出力インピーダンス　図 4.16(b) より増幅回路の入力インピーダンス Z_{IN} と出力インピーダンス Z_{OUT} を求めると，次式のように求められる．

$$Z_{IN} = R_A /\!/ R_B /\!/ h_{ie} \tag{4.19}$$
$$Z_{OUT} = R_C /\!/ R_L \tag{4.20}$$

■ 問題

4.2-1【等価回路】小信号に対するトランジスタの等価回路を描きなさい．

4.2-2【演習問題】図 4.17 の各回路を交流のみの回路に変換しなさい．さらに小信号等価回路を描きなさい．ただし，コンデンサの容量は十分大きいものとする．

4.2 小信号等価回路 83

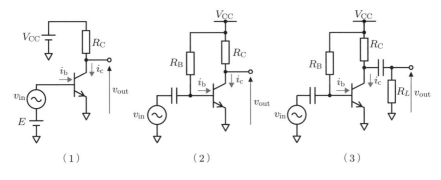

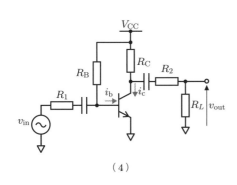

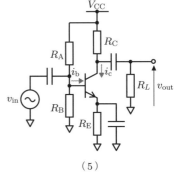

図 4.17

4.2-3【増幅度の計算 1】 つぎの増幅回路の動作点は
コレクタバイアス電流 $I_C = 1$ mA, $V_{CE} = V_{CC}/2$
である．トランジスタは 2SC1815(Y) である．V_{BE}
$= 0.7$ V とする．つぎの問いに答えなさい．
(1) h パラメータ h_{fe}, h_{ie} を 図 4.7 のグラフより読
み取りなさい．
(2) R_B と R_C を決定しなさい．
(3) 回路の小信号等価回路を描きなさい．
(4) (3)の等価回路より電圧増幅度 $A_v = v_{out}/v_{in}$ を求めなさい．
(5) 電流増幅度 $A_i = i_{out}/i_{in}$ を求めなさい．
(6) 電力増幅度 A_p を求めなさい．
(7) 入力インピーダンス Z_{IN} を求めなさい．
(8) 出力インピーダンス Z_{OUT} を求めなさい．

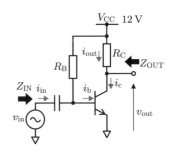

図 4.18

4.2-4【増幅度の計算 2】 図 4.19 のトランジスタが $h_{fe} = 200$, $h_{ie} = 2$ kΩ のとき，つぎ
の問いに答えなさい．
(1) 小信号等価回路を描きなさい．

(2) 電圧増幅度 A_v を求めなさい.
(3) 出力信号電圧 v_{out} を求めなさい.
(4) 出力信号電流 i_{out} を求めなさい.
(5) 電流増幅度 A_i を求めなさい.
(6) 電力増幅度 A_p を求めなさい.
(7) 入力インピーダンス Z_{IN} を求めなさい.
(8) 出力インピーダンス Z_{OUT} を求めなさい.

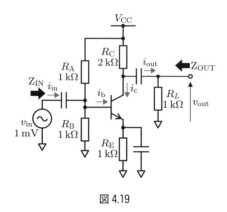

図 4.19

4.3 デシベル計算

増幅度を表す単位としてデシベルがよく用いられる．デシベルを用いると数値が圧縮されて簡単な数値で扱うことができるとともに，多段で接続された増幅器の総合特性を加算で計算できる．電子工学の分野において，デシベルを倍率に，また倍率をデシベルに変換することがよくある．ここでは，デシベル計算を簡単に行う方法を説明する．

1 デシベル

デシベルとは増幅度を対数（図 4.20 参照）で表すときに用いる単位であり，[dB] と表示される．デシベル表示された増幅度は，**利得（ゲイン）**とよばれる．

▶ **利得の表示式** 電圧増幅度 A_v，電流増幅度 A_i，電力増幅度 A_p とすると，利得は以下の式で表される．電圧利得と電流利得が絶対値になっているのは，対数に変換する際，位相成分のマイナス符号が不要なためである．

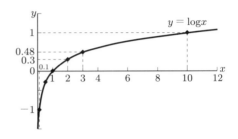

図 4.20 対数グラフ

$$電圧利得\ G_v = 20\log|A_v|\quad[\text{dB}] \tag{4.21}$$
$$電流利得\ G_i = 20\log|A_i|\quad[\text{dB}] \tag{4.22}$$
$$電力利得\ G_p = 10\log A_p\quad[\text{dB}] \tag{4.23}$$

表 4.2 は，増幅度 – 利得変換表である．各利得は，式 (4.21)～(4.23) を用いて計算する．ただし，$\log 2 = 0.301 \fallingdotseq 0.3$，$\log 3 = 0.477 \fallingdotseq 0.5$ に近似して計算している．

表 4.2 増幅度 – 利得変換表

増幅度 A	$\dfrac{1}{10}$	$\dfrac{1}{3}$	$\dfrac{1}{2}$	$\dfrac{1}{\sqrt{2}}$	1	$\sqrt{2}$	2	3	10
電圧利得 G_v [dB]	−20	−10	−6	−3	0	3	6	10	20
電流利得 G_i [dB]	−20	−10	−6	−3	0	3	6	10	20
電力利得 G_p [dB]	−10	−5	−3	−1.5	0	1.5	3	5	10

（覚える／①マイナス／②同じ／③1/2）

電圧利得の灰色のところの五つの値を覚えれば，残りはつぎのように簡単にデシベル変換できる．①逆数の増幅度に対してはマイナスを付ける．②電流利得に対しては同じ値とする．③電力利得に対しては 1/2 倍にした値とする．

86　第4章　増幅回路（実用編）

2 変換方法

表4.2を用いて増幅度から利得に変換する方法と，利得から増幅度に変換する方法を説明しよう.

▶ **増幅度から利得への変換**　　例として，電圧増幅度 $A_v = 100$ を利得に変換する方法を説明する.

式(4.21)より，利得はつぎのように計算できる.

電圧利得 $G_v = 20 \log 100 = 20 \log (\underline{10 \times 10}) = 20 \log 10 + 20 \log 10 = \underline{20 + 20}$
$= 40\,\mathrm{dB}$

上式の波線部分をみるとわかるように，増幅度の乗算は利得の加算である. したがって，増幅度から利得の変換はつぎの手順で求められる.

① $A_v = 100 = 10 \times 10$ 倍　→　② $G_v = 20 + 20 = 40\,\mathrm{dB}$

① 変換する増幅度100を表4.2の増幅度 A の値（$1/10 \sim 10$）を使って乗算で分解する.

② 分解されたそれぞれの増幅度を表4.2を用いて利得に変換し，それぞれを足し合わせる.

▶ **利得から増幅度への変換**　　例として，電流利得 $G_i = 26\,\mathrm{dB}$ を増幅度に変換する方法を説明する.

① $G_i = 26 = 20 + 6\,\mathrm{dB}$　→　② $A_i = 10 \times 2 = 20$ 倍

① 変換する利得26 dBを表4.2の利得 G_i の値（$-20 \sim 20$）を使って加算で分解する.

② 分解されたそれぞれの利得を，表4.2を用いて増幅度に変換し，それぞれを掛け合わせる.

〈変換の注意〉　電流利得 $G_i = 26\,\mathrm{dB}$ は，つぎのようにも変換できる.

$G_i = 26 = 10 + 10 + 6\,\mathrm{dB}$　→　$A_i = 3 \times 3 \times 2 = 18$ 倍

上の答えと異なるのは，$\log 3 \fallingdotseq 0.5$ の近似による誤差が大きいためである. 表4.2の $A = 3$，$A = 1/3$ の使用には注意が必要である.

3 総合増幅度と総合利得

図4.21の多段接続された増幅器（AMP1 ～ AMP3）の総合増幅度と総合利得を求めてみよう.

それぞれの増幅度が $A_{v1} = 20$，$A_{v2} = 10$，$A_{v3} = 5$ であった場合，総合増幅度 A_v は各増幅度の乗算であり，つぎのようになる.

$A_v = A_{v1} \times A_{v2} \times A_{v3} = 1000$ 倍

これを利得で表すと，総合利得 G_v はつぎのように各増幅器の利得（G_{v1}, G_{v2}, G_{v3}）の加算で求めることができる．

$$G_v = G_{v1} + G_{v2} + G_{v3}$$
$$= 26 + 20 + 14 = 60\,\text{dB}$$

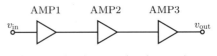

$(A_{v1} = 20) \times (A_{v2} = 10) \times (A_{v3} = 5) \quad A_v = 1000\,\text{倍}$
$(G_{v1} = 26) + (G_{v2} = 20) + (G_{v3} = 14) \quad G_v = 60\,\text{dB}$

図 4.21　多段接続された増幅器

■ 問題

4.3-1【対数】 $y = \log x$ のグラフを図 4.22 に描きなさい（$0.1 \leqq x \leqq 10$）．

4.3-2【デシベル】 つぎの問いに答えなさい．

(1) 電圧増幅度 A_v，電流増幅度 A_i，電力増幅度 A_p をそれぞれ電圧利得 G_v，電流利得 G_i，電力利得 G_p に変換しなさい．

(2) 表 4.3 の増幅度 - 利得の変換表の空欄を埋めて完成させなさい．ただし，$\log 2 \fallingdotseq 0.3$，$\log 3 \fallingdotseq 0.5$ とする．

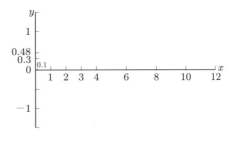

図 4.22

表 4.3

増幅度 A	$\frac{1}{10}$	$\frac{1}{3}$	$\frac{1}{2}$	$\frac{1}{\sqrt{2}}$	1	$\sqrt{2}$	2	3	10
電圧利得 G_v [dB]									
電流利得 G_i [dB]									
電力利得 G_p [dB]									

4.3-3【増幅度から利得への変換】 問題 4.3-2 で完成させた変換表を用いて，つぎの増幅度を利得で表しなさい．

(1) 電圧増幅度　100 倍
(2) 電流増幅度　4 倍
(3) 電力増幅度　30 倍
(4) 電圧増幅度　0.2 倍

〈ヒント〉

(4) $A_v = 0.2 = 2 \times \dfrac{1}{10}$.

4.3-4【利得から増幅度への変換】つぎの利得を増幅度で表しなさい．
(1) 電流利得　　26 dB　　　(2) 電力利得　　33 dB
(3) 電圧利得　　−12 dB　　 (4) 電力利得　　1 dB

〈ヒント〉
(4) $G_P = 1 = 10 − 3 − 3 − 3$．

4.3-5【演習問題】つぎの増幅器の利得を求めなさい．
(1) 入力電力 1 mW，出力電力 2 kW となる増幅器の電力利得
(2) 入力電圧 $2\sqrt{2}$ V$_{p-p}$，出力電圧 AC 0.4 V となる増幅器の電圧利得
(3) 入力電流 2 µA，出力電流 3 mA の電流利得

〈ヒント〉
(2) $2\sqrt{2}$ V$_{p-p}$ = 1 V$_{rms}$，AC 0.4 V = 0.4 V$_{rms}$（[V$_{rms}$] は実効値電圧）．

4.3-6【総合増幅度と総合利得】図 4.23 のように，多段接続された増幅器の総合電圧利得を求めなさい．

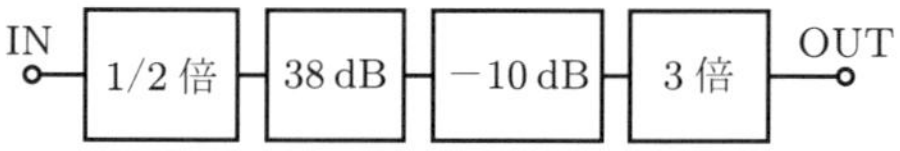

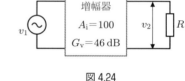

図 4.23

4.3-7【演習問題】1 km 進むごとにパワーが半分になるケーブルがある．減衰量が 30 dB になるのは何 m 先かを求めなさい．

〈ヒント〉
1 km ごとに減衰量は 3 dB．

4.3-8【演習問題】図 4.24 のような増幅器において，入力信号電圧 $v_1 = 0.5 \sin \omega t$ [V] を加えたとき，出力電流 $i_2 = 20 \sin \omega t$ [mA] が得られた．このとき，増幅器の電流増幅度 $A_i = 100$，電圧利得 $G_v = 46$ dB であった．つぎの問いに答えなさい．

(1) 入力信号電流 i_1 を実効値で求めなさい．
(2) 出力電圧 v_2 を実効値で求めなさい．
(3) 電力利得 G_p を求めなさい．

〈ヒント〉　$20 \sin \omega t$ [mA] → $\dfrac{20}{\sqrt{2}}$ mA$_{rms}$．

(2) $0.5 \sin \omega t$ [V] → $\dfrac{0.5}{\sqrt{2}}$ V$_{rms}$．

(3) $A_p = \dfrac{P_{OUT}}{P_{IN}} = \dfrac{v_{out}i_{out}}{v_{in}i_{in}} = A_v A_i$．

図 4.24

4.4 自己バイアス増幅回路

動作点が比較的安定なバイアス回路として固定バイアス回路を説明したが，実際の製品にはより安定したバイアス回路が採用される．ここでは，安定したバイアス回路の中の一つである自己バイアス回路とそれを用いた増幅回路（自己バイアス増幅回路）について説明する．

1 動作点が変化する要因

動作点が変化する大きな要因として，3.2節で学んだ V_{BE} の温度変化のほかに h_{FE} がある．h_{FE} は，素子のばらつき（2.1節）や温度により一定ではない．図4.25は，h_{FE} の温度特性の一例である．h_{FE} は温度が上昇すると大きくなる傾向がある．

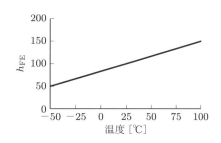

図4.25 h_{FE} の温度特性

2 固定バイアス回路の欠点

図4.26の固定バイアス回路は，V_{BE} の変化に対しては安定度がよいが，h_{FE} の変化に対しては安定度がわるい．そのため，温度が上昇すると h_{FE} が増加し，$I_C (= h_{FE} I_B)$ が増加するため，動作点が変化する．以下に温度が上昇したときの動作変化をまとめる．

温度上昇 → h_{FE} 増加 → I_C 増加
→ V_{OUT} 減少（動作点下がる）

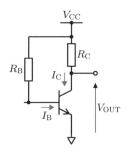

図4.26 固定バイアス回路

3 熱暴走

動作点を安定させなければならない理由は二つある．一つは3.1節で説明したように出力波形をクリップしにくくするためである．そしてもう一つは，熱暴走を防ぐためである．**熱暴走**とは，コレクタ電流 I_C によってトランジスタの温度が次第に上昇し，最終的に破壊に至る現象である．

▶ **熱暴走のしくみ** 図4.27に熱暴走のしくみを示す．熱暴走はつぎのような過程で起こる．
① I_C が流れてトランジスタの温度が上昇する．
② トランジスタの温度が上昇して h_{FE} が高くなる．

③ h_{FE} の増加により I_C が増加する．
④ I_C の上昇により，トランジスタの温度はさらに上昇する．

再び②に戻り，無限ループができる．
⑤ トランジスタの温度は上昇し続け，やがて温度の最大定格（約 150°C）を超えて壊れる．最大定格とは，トランジスタが壊れる上限値のことである．

▶ **熱が発生する理由**　コレクタ電流 I_C が流れた際，トランジスタより熱が発生するのは**コレクタ損失** P_C によるものである．コレクタ損失とは，トランジスタのコレクタ・エミッタ間で消費する電力のことで，次式で与えられる．

$$P_C = I_C V_{CE}$$

コレクタ損失による発熱でトランジスタを壊さないようにするため，実際のトランジスタには図 4.28 に示すような放熱器を取り付けて対策がとられる．

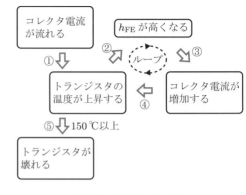

図 4.27　熱暴走のしくみ

図 4.28　放熱器が取り付けられたトランジスタ

4 自己バイアス回路

図 4.29 のように，ベース抵抗 R_B をコレクタに接続した回路を**自己バイアス回路**という．ベースバイアスをコレクタより供給することにより，自己バイアス回路は固定バイアス回路より安定度を高くすることができる．

▶ **安定度が高くなるしくみ**　図 4.30 に自己バイアス回路のバイアスが安定するしくみを示す．温度が上昇して h_{FE} が増加し，コレクタ電流 I_C が増えると，コレクタ・エミッタ間電圧 V_{CE} が減少する．それに伴い，I_B

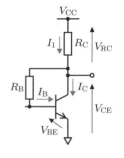

図 4.29　自己バイアス回路

温度上昇 ⇒ h_{FE} 増加 ⇒ I_C 増加 ⇒ V_{CE} 減少 ⇒ I_B 減少 ⇒ I_C 減少 ⇒ バイアス安定

図 4.30　バイアスが安定するしくみ

と I_C が減少し，バイアスは安定する．

▶ **自己バイアス回路の設計** 図 4.29 の R_B と R_C の定数を決定する．$V_{CE} = V_{CC}/2$ に設定するものとする．I_C は指定された既知の値とする．

$$I_1 = I_C + I_B \quad I_C \gg I_B \text{ のため} \quad I_1 \fallingdotseq I_C$$

$$R_C = \frac{V_{RC}}{I_1} = \frac{V_{CC} - V_{CE}}{I_C} = \frac{V_{CC}}{2I_C} \tag{4.24}$$

$$R_B = \frac{V_{CE} - V_{BE}}{I_B} = \frac{(V_{CC}/2 - V_{BE})h_{FE}}{I_C} \tag{4.25}$$

5 自己バイアス増幅回路

図 4.31 は，自己バイアスを用いた増幅回路（自己バイアス増幅回路）である．入力信号 v_{in} がカップリングコンデンサ C を介してベースに加えられる．

▶ **小信号等価回路** 図 4.32 は，自己バイアス増幅回路の小信号等価回路である．コンデンサ C と電源 V_{CC} はショートされる．

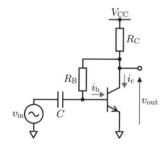

図 4.31 自己バイアス増幅回路

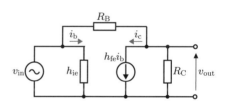

図 4.32 小信号等価回路

▶ **電圧増幅度 A_v** 図 4.32 の小信号等価回路を用いて A_v を求めてみよう．以下は重ね合わせの理を用いた解法である．R_B は h_{ie} や R_C より十分大きな値とする．

〈入力信号 v_{in} のみで考える〉 図 4.33(a) は，図 4.32 の回路を入力信号 v_{in} のみで考えた回路である．出力電圧に影響を与えないため，h_{ie} は省略される．出力電圧 v_{out}' は分圧の公式を用いて次式で求められる．

$$v_{out}' = \frac{R_C v_{in}}{R_B + R_C}$$

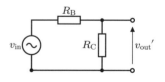

(a) 入力信号のみで考えた回路

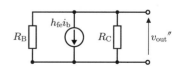

(b) 電流源のみで考えた回路

図 4.33 重ね合わせの理による解法

上式は，$R_B \gg R_C$ より，つぎのようになる．

$$v_{\text{out}}' = \frac{R_C v_{\text{in}}}{R_B} \tag{4.26}$$

〈電流源のみで考える〉 図 4.33(b) は，図 4.32 を電流源のみで考えた回路である．出力電圧 v_{out}'' は次式で求められる．

$$v_{\text{out}}'' = -h_{\text{fe}} i_{\text{b}} R_C /\!/ R_B$$

上式は $R_B \gg R_C$ より，つぎのようになる．

$$v_{\text{out}}'' = -h_{\text{fe}} i_{\text{b}} R_C \tag{4.27}$$

また，図 4.32 のベース電流 i_{b} は

$$i_{\text{b}} = \frac{v_{\text{in}}}{h_{\text{ie}}} \tag{4.28}$$

であり，式(4.28)を式(4.27)に代入すると，つぎのようになる．

$$v_{\text{out}}'' = -\frac{h_{\text{fe}} R_C v_{\text{in}}}{h_{\text{ie}}} \tag{4.29}$$

求める出力電圧 v_{out} は v_{out}' と v_{out}'' を合わせた値である．

$$v_{\text{out}} = v_{\text{out}}' + v_{\text{out}}'' \tag{4.30}$$

$R_B \gg h_{\text{ie}}$，式(4.26)と式(4.29)より，$v_{\text{out}}' \ll |v_{\text{out}}''|$ である．よって，式(4.30)は次式となる．

$$v_{\text{out}} \fallingdotseq v_{\text{out}}'' = -\frac{h_{\text{fe}} R_C v_{\text{in}}}{h_{\text{ie}}}$$

電圧増幅度は次式で求められる．

$$A_{\text{v}} = \frac{v_{\text{out}}}{v_{\text{in}}} = -\frac{h_{\text{fe}}}{h_{\text{ie}}} R_C \tag{4.31}$$

自己バイアス増幅回路の電圧増幅度は，固定バイアス増幅回路と同じである．

■ 問題

4.4-1【固定バイアス回路の欠点】つぎの問いに答えなさい．

(1) 固定バイアス増幅回路を描きなさい．

(2) ( ) の中に当てはまる言葉を下の枠の中から選びなさい．

　　h_{FE} は (　a　) や (　b　) により値が一定ではない．そのため固定バイアス回路では，(　c　) の変化や (　d　) の危険がある．

　　コレクタ電流が流れると，コレクタ損失 P_C により，トランジスタの温度は (　e　) くなる．

　　トランジスタの温度の最大定格は (　f　) ℃ 程度である．

熱対策としてトランジスタに（ g ）を取り付ける．

> 動作点　高　ばらつき　熱暴走　70　150　放熱器　温度変化

4.4-2【熱暴走】 図 4.34 は熱暴走のしくみを示している．スタートからゴールまでを → でつなぎなさい．

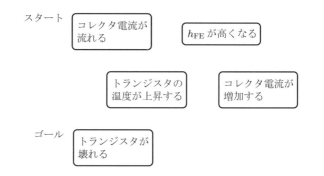

図 4.34

4.4-3【自己バイアス増幅回路】 つぎの問いに答えなさい．

(1) 図 4.35 のバイアス回路の名称を答えなさい．
(2) 図 4.36 にこの増幅回路のバイアスが安定するしくみが示されている．（ ）に「増」か「減」を入れなさい．
(3) 動作点におけるバイアスが，$I_C = 1\,\mathrm{mA}$, $V_{CE} = V_{CC}/2$ となるように R_B と R_C を決定しなさい．ただし，$h_{FE} = 200$, $V_{BE} = 0.7\,\mathrm{V}$ とする．
(4) 自己バイアス回路の小信号等価回路を描きなさい．
(5) 増幅度が $A_v = -(h_{fe}/h_{ie})R_C$ となることを証明しなさい．ただし，$R_B \gg R_C$, $R_B \gg h_{ie}$ とする．
(6) 設計した増幅器の電圧利得 G_v を求めなさい．ただし，$h_{fe} = 200$, $h_{ie} = 5\,\mathrm{k\Omega}$ とする．

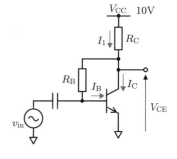

図 4.35

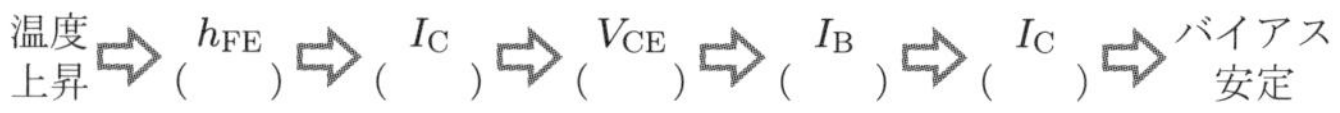

温度上昇 ⇨ h_{FE} ( ) ⇨ I_C ( ) ⇨ V_{CE} ( ) ⇨ I_B ( ) ⇨ I_C ( ) ⇨ バイアス安定

図 4.36

4.5 電流帰還バイアス増幅回路

電流帰還バイアス回路は，安定度の高いバイアス回路として実際の製品によく採用される．ここでは，電流帰還バイアス回路のしくみとそれを用いた増幅回路（電流帰還バイアス増幅回路）について説明する．

1 電流帰還バイアス回路

図 4.37 のように，エミッタに抵抗 R_E を挿入した回路を**電流帰還バイアス回路**という．この R_E を**エミッタ抵抗**といい，この挿入によりバイアスは著しく安定する．R_1 と R_2 は**ブリーダ抵抗**とよばれ，電源電圧を分割してベース電圧 V_B を安定に保つはたらきをする．ブリーダ抵抗を流れる電流（I_{R_1}, I_{R_2}）を**ブリーダ電流**という．

▶ **安定度が高い理由** 図 4.38 にバイアスが安定するしくみを示す．温度上昇により h_{FE} が増加し，コレクタ電流 I_C が増加すると，エミッタ電流 I_E とエミッタ電圧 V_E が増加する．ベース電圧 V_B はブリーダ抵抗で固定されているため，V_E の上昇に伴い，ベース・エミッタ間電圧 V_{BE} は減少する．そしてそれに伴い，I_B と I_C が減少してバイアスは安定する．

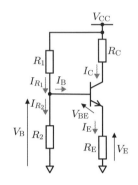

図 4.37 電流帰還バイアス回路

温度上昇 ⇒ h_{FE} 増加 ⇒ I_C 増加 ⇒ I_E 増加 ⇒ V_E 増加 ⇒ V_{BE} 減少 ⇒ I_B 減少 ⇒ I_C 減少 ⇒ バイアス安定

図 4.38 バイアスが安定するしくみ

2 電流帰還バイアス増幅回路

図 4.39 は電流帰還バイアス回路を用いた増幅回路（電流帰還バイアス増幅回路）である．電流帰還バイアス回路に信号源 v_{in} と三つのコンデンサ（$C_1 \sim C_3$）が追加されている．以下に各コンデンサの名称とはたらきを解説する．

〈バイパスコンデンサ〉 C_3 はバイパスコンデンサとよばれ，交流的にエミッタを接地（グランド

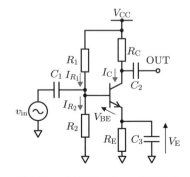

図 4.39 電流帰還バイアス増幅回路

にショート）させて信号増幅度を上げるはたらきがある．

〈カップリングコンデンサ〉 C_1 と C_2 は，3.3 節で説明したカップリングコンデンサである．

3 設計のための基礎知識

電流帰還バイアス回路を設計するには，コレクタバイアス電流 I_C，エミッタ電圧 V_E，動作点，ブリーダ電流 I_{R_2} の設定値について知っておく必要がある．

▶ **コレクタバイアス電流 I_C**　小信号トランジスタの I_C は，トランジスタの h_{fe}，消費電流，トランジション周波数 f_T，ノイズ，耐久性を考慮して，一般的に 0.1 ～ 10 mA に決定される．図 4.40 は，小信号トランジスタの I_C - h_{fe} 特性の一例である．I_C が増加すると h_{fe} は緩やかに増加し，数 10 mA 以上では急に低下する．

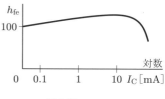

図 4.40 I_C - h_{fe}

▶ **エミッタ電圧 V_E と出力動作範囲**　図 4.38 の動作からわかるように，R_E の値を大きくするほど，回路の安定度は高くなる．しかし，R_E を大きくするとエミッタ電圧 V_E が高くなり，出力動作範囲が狭まる．図 4.41 は，増幅器のベースに信号を加えたときの各部の電圧波形である．エミッタはバイパスコンデンサにより交流的に接地されるため，V_E に信号は現れず，バイアス電圧のみとなる．出力電圧 V_C は NPN トランジスタの特性のため，V_E より低くならない（2.3 節参照）．したがって，V_C の動作範囲は V_E ～ V_{CC} の範囲に狭まる．V_E は，通常 V_{BE} の 2 ～ 4 倍程度に設定される．

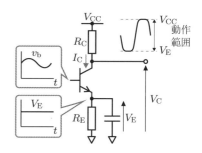

図 4.41 出力動作範囲

▶ **動作点**　図 4.41 の I_C と V_C の関係は，図 4.42 の直流負荷線で表される．また，その直流負荷線上に動作点が示される．これまでのように動作点を $V_a = V_{CC}/2$ に設定すると，出力動作範囲の下限が V_E であるためクリップしやすい．そのため，動作点は出力動作範囲の平均電圧である $V_b = (V_E + V_{CC})/2$ に設定する．

▶ **ブリーダ電流 I_{R_2}**　I_{R_2} は，ベース電流の

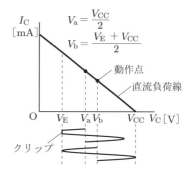

図 4.42 直流負荷線と動作点

変化に対して V_B を安定に保つため，通常 I_B の 10 倍以上の電流を流す．バイアスの安定度は，I_{R_2} を大きくすることにより高めることができる．ただし，I_{R_2} を大きくすると消費電流が増える．

例題 4.2 図 4.37 の四つの抵抗値（R_E, R_C, R_1, R_2）を決定せよ．ただし，$h_{FE} = 100$, $V_{CC} = 12$ V, $I_C = 1$ mA, $V_E = 3V_{BE}$, $I_{R_2} = 20I_B$, $V_{BE} = 0.7$ V とする．動作点 V_b は出力動作範囲の中央とする．

答え $R_E = \dfrac{V_E}{I_E} \fallingdotseq \dfrac{V_E}{I_C} = 2.1$ kΩ, $V_b = \dfrac{V_E + V_{CC}}{2} \fallingdotseq 7$ V

$R_C = \dfrac{V_{CC} - V_b}{I_C} = 5$ kΩ, $I_B = \dfrac{I_C}{h_{FE}}$, $R_2 = \dfrac{V_B}{I_{R_2}} = \dfrac{V_E + V_{BE}}{20I_B} = 14$ kΩ

$R_1 = \dfrac{V_{CC} - V_B}{I_{R_1}} = \dfrac{V_{CC} - V_B}{I_{R_2} + I_B} = \dfrac{V_{CC} - V_B}{21I_B} = 43.8$ kΩ

4 簡単なバイアスの計算方法

図 4.43 の電流帰還バイアス回路から各バイアスを求める場合，$I_B \ll I_{R_2}$ として I_B を無視すると，分圧の公式より，つぎのように簡単に計算することができる．ここで，$V_{BE} = 0.7$ V とする．

$V_B = \dfrac{V_{CC} R_2}{R_1 + R_2} = 5$ V

$V_E = V_B - V_{BE} = 4.3$ V

$I_C \fallingdotseq I_E = \dfrac{V_E}{R_E} = 4.3$ mA

$V_C = V_{CC} - I_C R_C = 5.7$ V

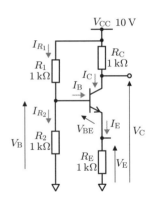

図 4.43　電流帰還バイアス回路

5 小信号等価回路と増幅度

図 4.44 に図 4.39 の小信号等価回路を示す．出力電圧 v_{out} は小信号等価回路よりつぎのとおりである．

$v_{out} = -R_C i_c = -R_C h_{fe} i_b$

$\qquad = -\dfrac{R_C h_{fe} v_{in}}{h_{ie}}$ 　　(4.32)

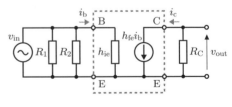

図 4.44　小信号等価回路

式 (4.32) より，電圧増幅度 A_v は次式で

与えられる．

$$A_\mathrm{v} = \frac{v_\mathrm{out}}{v_\mathrm{in}} = -\frac{h_\mathrm{fe}}{h_\mathrm{ie}} R_\mathrm{C} \tag{4.33}$$

電流帰還バイアス増幅回路の電圧増幅度は，固定バイアス増幅回路や自己バイアス増幅回路と同じである．

■ 問題

4.5-1【電流帰還バイアス増幅回路】つぎの問いに答えなさい．
(1) 図 4.45 のバイアス回路の名称を答えなさい．
(2) C_1 と C_2 の名称とはたらきを答えなさい．
(3) C_3 の名称とはたらきを答えなさい．
(4) R_1 と R_2 の名称とはたらきを答えなさい．
(5) 図 4.46 は電流帰還バイアス回路のバイアスが安定するしくみである．（ ）に「増」または「減」を入れなさい．
(6) （ ）の中に当てはまる言葉を下の枠の中から選びなさい．

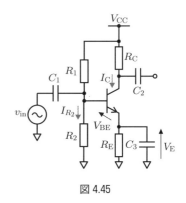

図 4.45

　小信号増幅器では，h_fe，トランジション周波数，耐久性，ノイズ，消費電流を考慮して，コレクタ電流を（ a ）A に設定する．

　電流帰還バイアス回路のエミッタ電圧 V_E を大きくすると，安定度は（ b ）が，出力の動作範囲は（ c ）．V_E は一般的に V_BE の（ d ）倍にする．

　R_2 に流す電流 I_{R_2} は多く流すと安定度は（ e ）が，消費電流が（ f ）．一般的に，R_2 に流す電流 I_{R_2} はベース電流の（ g ）倍以上に設定する．

　　わるくなる　狭くなる　よくなる　0.1～10 m　2～4　10　増える　減る

温度上昇 ⇒ h_FE（ ）⇒ I_C（ ）⇒ I_E（ ）⇒ V_E（ ）⇒ V_BE（ ）⇒ I_B（ ）⇒ I_C（ ）⇒ バイアス安定

図 4.46

4.5-2【電流帰還バイアス増幅回路の設計】図 4.47 において，つぎの設計条件を満たすように以下の手順で各抵抗値を決定しなさい．コンデンサのインピーダンスは十分小さく，無視できるものとする．

　　$h_\mathrm{FE} = 100$, 　$h_\mathrm{ie} = 2.7\,\mathrm{k\Omega}$, 　$V_\mathrm{CC} = 10\,\mathrm{V}$, 　$I_\mathrm{C} = 1\,\mathrm{mA}$
　　$V_\mathrm{E} = 3V_\mathrm{BE}$, 　$I_{R_2} = 20I_\mathrm{B}$, 　$V_\mathrm{BE} = 0.7\,\mathrm{V}$,

(1) R_E を決定しなさい．

(2) 入力信号 v_{in} を加えたときの V_E の波形を描きなさい.
(3) 動作点が出力動作範囲の中央となるコレクタ電圧の値を求めなさい.
(4) R_C の値を求めなさい.
(5) R_1, R_2 の値を求めなさい.
(6) 小信号等価回路を描きなさい.
(7) 電圧増幅度 A_v を求めなさい.

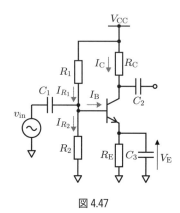

図 4.47

第5章

オペアンプ（基礎編）

　オペアンプは，増幅器，電圧比較器，加算器，発振器などさまざまな用途で用いられており，電子回路において重要な電子部品である．オペアンプは，「高入力インピーダンス」，「低出力インピーダンス」，「高ゲイン」という理想に近い特性をもつ増幅器であるため，オペアンプを用いると設計がしやすくなる．オペアンプのローコスト化に伴い，これまでトランジスタを用いて構成されていた多くの回路は，オペアンプに置き換えられている．

　この章では，はじめにオペアンプの基本動作を説明し，その後，比較回路，増幅回路，加算回路について説明する．

5.1 オペアンプの基本動作

ここでは，オペアンプの基本動作や等価モデル，出力電圧範囲について説明する．これらは，あとで説明する比較回路や増幅回路を理解するうえで必要となる．

1 基本事項

オペアンプは，数 mm 程度のシリコンチップ上に集積化された増幅器で，演算増幅器ともよばれる．

▶ **回路記号と端子名** オペアンプの回路記号を図 5.1 に示す．IN_ は**反転入力端子**，IN_+ は**非反転入力端子**，OUT は出力端子である．オペアンプは動作させるのに電源が必要であり，電源のプラス端子 V_+ と電源のマイナス端子 V_- がある．図 5.1(b) は電源端子を省略した回路記号である．

(a) 電源端子付き　(b) 電源端子省略　　(a) ディスクリートタイプ　(b) 表面実装タイプ

図 5.1　オペアンプの回路記号　　　　　図 5.2　実際のオペアンプ

▶ **外観** 実際のオペアンプの写真を図 5.2 に示す．図 5.2(a) がディスクリートタイプ，図 5.2(b) が表面実装タイプである．パッケージより 8 ピンの端子が出ており，パッケージに付けられた丸印やくぼみがマークの箇所である．

▶ **ピン配置** 品名 LM358 のオペアンプを例にピン配置（図 5.3）について説明しよう．各ピンには 1～8 の番号が割り振られており，マークの下のピンが 1 番である．LM358 は 2 個入りのオペアンプであり，パッケージ内に同じ特性のオペアンプが二つ入っている．

▶ **内部回路** 図 5.4 は LM358 の内部回路である．オペアンプは，NPN/PNP トランジスタと抵抗，コンデンサで構成される．内部回路は，作動増幅回

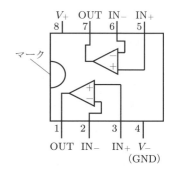

図 5.3　ピン配置（LM358）

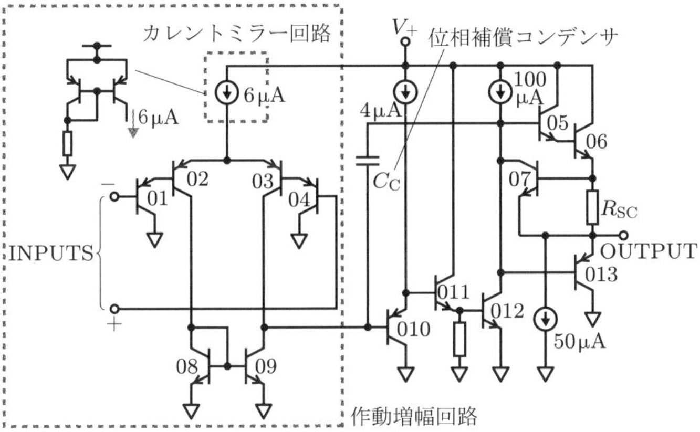

5.1 オペアンプの基本動作 101

カレントミラー回路

V^+ 位相補償コンデンサ

6μA

6μA

100μA

05

06

4μA

C_C

02 03

01 04

07

R_{SC}

INPUTS

OUTPUT

013

011

010 012

08 09

50μA

作動増幅回路

図 5.4 オペアンプ LM358 の内部回路

路（入力部）やカレントミラー回路（定電流源部）など，集積回路（IC）特有の回路で構成されている.

2 利点と欠点

▶ 利点　以下のように，オペアンプを用いる利点は多い.

・理想増幅器：オペアンプは「高ゲイン」，「高入力インピーダンス」，「低出力インピーダンス」という理想的な増幅器の特性をもつため，回路を設計しやすく，希望する性能を得やすい.

・低消費電流：回路の消費電流を少なくすることができる.

・小形：ディスクリートトランジスタで同等の性能の回路を製作した場合と比較すると小形にすることができる.

・高信頼性：モールドされたパッケージ内に検査済みの回路が収められているため，信頼性が高く，壊れにくい.

・豊富な種類：低消費電力用，低ノイズ用，低電圧動作用など，用途に応じた多くの種類のオペアンプがある.

▶ 欠点　オペアンプを用いる欠点はつぎのとおりである.

・周波数特性：トランジスタより使用できる周波数が低い.

・価格：トランジスタよりも価格が高い.

3 基本特性と動作

▶ 等価回路　図 5.5 はオペアンプの等価回路である. 入力インピーダンス Z_{IN} は高く，出力インピーダンス Z_{OUT} は低く，増幅度 A_0 は高い特性をもつ. 理想的なオ

ペアンプ（理想オペアンプ）の各パラメータは，$Z_{\text{IN}} = \infty$，$Z_{\text{OUT}} = 0$，$A_0 = \infty$である．

▶ **動作**　入力電圧（V_{IN_+}，V_{IN_-}）と出力電圧 V_{OUT} の関係はつぎのとおりである．

$$V_{\text{OUT}} = (V_{\text{IN}_+} - V_{\text{IN}_-}) A_0 \qquad (5.1)$$

理想オペアンプの出力電圧 V_{OUT} は式(5.1)で計算すると，$V_{\text{IN}_+} > V_{\text{IN}_-}$ のとき∞であり，$V_{\text{IN}_+} < V_{\text{IN}_-}$ のとき $-\infty$ である．

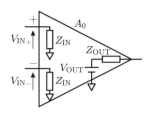

図 5.5　オペアンプの等価回路

▶ **出力動作範囲**　図 5.6 にオペアンプの出力動作範囲を示す．理想オペアンプの出力動作範囲は制限がなく（図5.6(a)），$-\infty \sim \infty$ である．実際のオペアンプは，最大出力電圧が電源電圧によって制限され，上限値 V_{O_+} と下限値 V_{O_-} でクリップする（図5.6(b)）．

V_{O_+} と V_{O_-} の値はつぎのとおりである．

$$V_{\text{O}_+} = V_{\text{CC}} - V_a$$
$$V_{\text{O}_-} = -V_{\text{CC}} + V_b$$

ここで，V_a，V_b は 0～1.5 V であり，オペアンプによって異なる．とくに $V_a = V_b = 0$ のオペアンプはレールツーレールのオペアンプとよばれ，その出力動作範囲は $-V_{\text{CC}} \sim V_{\text{CC}}$ である．図 5.7(a)に一般のオペアンプ，図 5.7(b)にレールツーレールのオペアンプの出力電圧範囲を示す．

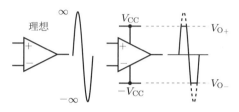

(a) 理想オペアンプ　　(b) 実際のオペアンプ

図 5.6　オペアンプの出力動作範囲

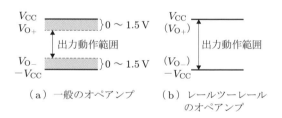

(a) 一般のオペアンプ　　(b) レールツーレールのオペアンプ

図 5.7　出力動作範囲

本書ではわかりやすくするために，これ以降のオペアンプはレールツーレールのオペアンプとする．

■ 問題

5.1-1【オペアンプの基本事項】 つぎの問いに答えなさい．
(1) オペアンプの回路記号と端子名を描きなさい．
(2) オペアンプが用いられる回路名を述べなさい．
(3) 図 5.8 はオペアンプのピン配置である．ピン番号と各端子名を書き込みなさい．端子名はつぎの中より選ぶこと．（IN_-, IN_+, OUT, V_+, V_-）
(4) オペアンプの内部回路はどのような部品で構成されているか答えなさい．
(5) オペアンプを用いる利点と欠点を述べなさい．

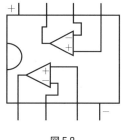

図 5.8

5.1-2【基本特性と動作】 図 5.9 は理想オペアンプの等価回路である．以下の値を求めなさい．
① 入力インピーダンス Z_{IN}
② 出力インピーダンス Z_{OUT}
③ 増幅度 A_0
④ 出力電圧 V_0（$V_{IN_+} > V_{IN_-}$ の場合と $V_{IN_+} < V_{IN_-}$ の場合）

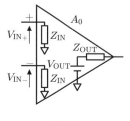

図 5.9

5.1-3【出力動作範囲】 （ ）の中に当てはまる言葉を下の枠の中から選びなさい．

理想オペアンプの出力動作範囲は（ a ）として考えるが，実際のオペアンプの最大出力電圧（上限値と下限値）は（ b ）によって制限される．最大出力電圧が電源電圧と同じものを（ c ）のオペアンプという．

> レールツーレール　$-\infty \sim \infty$　電源電圧

5.2 電圧比較回路

比較器とは，入力電圧がある基準電圧を超えたかどうかを判定するものであり，実際の電子機器内でよく使われる．ここでは，オペアンプの比較器としての動作について説明する．

1 比較器としての動作

図 5.10 は，オペアンプを用いた比較回路である．入力電圧 V_{IN} が 0 V 以上になると，LED が点灯する．以下にしくみを説明する．

式 (5.1) より，オペアンプの出力は以下のようになる．ここで，V_{O_+} は最大出力電圧の上限値，V_{O_-} は下限値である．

$V_{IN_+} > V_{IN_-}$ のとき，$V_{OUT} = V_{O_+}$
$V_{IN_+} = V_{IN_-}$ のとき，$V_{OUT} = 0$ V
$V_{IN_+} < V_{IN_-}$ のとき，$V_{OUT} = V_{O_-}$

図 5.10 のオペアンプがレールツーレールであるとすると，出力電圧 V_{OUT} の上限 V_{O_+} と下限 V_{O_-} は電源によって V_{CC} と $-V_{CC}$ になる．また，V_{IN_-} は GND，V_{IN_+} は V_1 より，上の V_{OUT} の式はつぎのように書き換えられる．

$V_1 > 0$ のとき，$V_{OUT} = V_{CC}$
$V_1 = 0$ のとき，$V_{OUT} = 0$ [V]
$V_1 < 0$ のとき，$V_{OUT} = -V_{CC}$

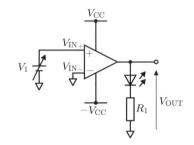

図 5.10 比較回路

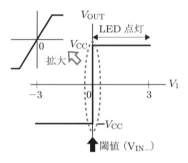

図 5.11 入出力特性

図 5.11 は V_1 を $-3 \sim 3$ V に変化させたときの V_{OUT} のグラフである．V_1 が 0 V のとき，V_{OUT} が $-V_{CC}$ より V_{CC} へジャンプしているようにみえるが，拡大すると連続した特性である．

2 閾値と LED の点灯範囲

図 5.11 の V_{OUT} は，入力電圧 V_1 が 0 V のときに $-V_{CC}$ から V_{CC} へ切り替わる．この出力電圧が切り替わるときの入力電圧の値を**閾値**とよぶ．図 5.10 の回路で閾値は V_{IN_-} の値である．

図 5.10 のオペアンプの出力に接続された LED の点灯する範囲は，図 5.11 に示す

ように V_{OUT} が V_{CC} のときであり，V_1 が 0 V より大きいときである．

■ 問題

5.2-1【演習問題】図 5.12 の各比較器の V_1 を変化させたときの出力電圧 V_{OUT} と閾値をグラフに描き，LED が点灯する電圧範囲を答えなさい．オペアンプはレールツーレールとする．LED の降下電圧 V_{D} は，電流が流れたとき 2 V，流れないとき 0 V とする．また，$R_1 \sim R_4$ の抵抗値を求めなさい．LED に流す電流は 10 mA とする．

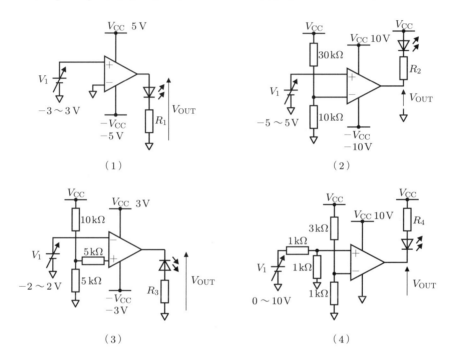

図 5.12

5.3 非反転増幅回路

オペアンプを用いた増幅回路は，設計しやすく，安定性やひずみにおいて優れた性能をもつため，多くの電子機器で採用される．オペアンプを用いた増幅器には，非反転増幅器と反転増幅器の2種類がある．ここでは，はじめにオペアンプを用いた増幅回路の基礎となる負帰還とバーチャルショートについて説明する．その後，非反転増幅器のしくみについて説明する．

1 負帰還

図 5.13 は，オペアンプの非反転入力端子に電圧 $E_1 = 1\,\mathrm{mV}$ が入力され，反転入力端子は接地された増幅回路である．オペアンプの増幅度 A_0 はこれまで無限大としてきたが，実際は非常に大きな有限の値である．ここで $A_0 = 10^5$ とすると，出力電圧 V_{OUT} は次式より 100 V になる．

$$V_{\mathrm{OUT}} = (V_1 - V_2) A_0$$

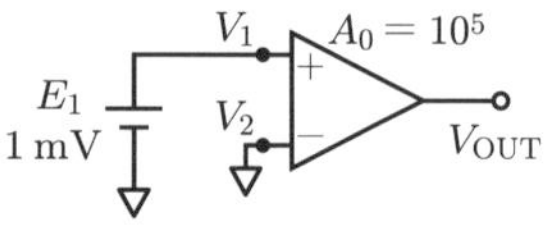

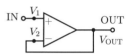

図 5.13 間違った使い方

オペアンプの増幅度 A_0 をそのまま使うと，増幅度が大きすぎるだけでなく，A_0 の温度変化やばらつきによって出力電圧が安定せず，使いにくい．そこで，図 5.14 や図 5.15 のように，出力電圧の全部または一部を反転入力端子に戻す回路にする．このように出力電圧を入力に戻すことを，**負帰還**（フィードバック）をかけるという．また，図 5.15 の R_2 の抵抗を負帰還抵抗（フィードバック抵抗）という．負帰還をかける利点はつぎのとおりである．

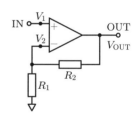

図 5.14 V_{OUT} の全部を負帰還

図 5.15 V_{OUT} の一部を負帰還

・【必要な増幅度に設定できる】図 5.15 の電圧増幅度 A_v はつぎの式で表され，抵抗（R_1, R_2）によって自由に設定できる．

$$A_\mathrm{v} = \frac{R_2}{R_1} + 1 \tag{5.2}$$

・【電圧増幅度 A_v が安定する】式(5.2) からわかるように，A_v は A_0 の温度変化やばらつきの影響を受けない．

・【ひずみが小さい】負帰還をかけるとオペアンプの入出力特性は線形となり，信号のひずみはきわめて小さい．

2 バーチャルショート

図 5.14 や図 5.15 のように負帰還をかけると，反転入力端子の電圧 V_2 は非反転入力端子の電圧 V_1 と同じになる．この現象を**バーチャルショート**という（仮想ショート，**イマジナリーショート**ともいう）．バーチャルショートは，オペアンプの動作を考えるうえでたいへん重要である．

▶ **バーチャルショートが起こる理由**　図 5.16 は図 5.14 や図 5.15 の回路の入力電圧 (V_1，V_2) と出力電圧 V_{OUT} の状態を表したものである．

⟨$V_1 > V_2$ の場合（図 5.16(a)）⟩　V_2 が V_1 よりもわずかでも低いと，V_{OUT} は式(5.2) より非常に高い電圧（HI）が出力され，それに伴い V_2 も高くなる．

⟨$V_1 < V_2$ の場合（図 5.16(b)）⟩　V_2 が V_1 よりもわずかでも高いと，V_{OUT} は非常に低い電圧（LO）が出力され，それに伴い V_2 も低くなる．

これらより，図 5.16(a)，(b) どちらの状態であっても最終的には図 5.16(c) の $V_2 = V_1$ に収束する．このとき，V_{OUT} は V_2 と V_1 が等しくなるように出力される．

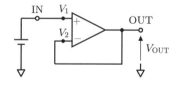

図 5.16　バーチャルショートのしくみ

3 ボルテージフォロア

図 5.17 のように，出力電圧 V_{OUT} のすべてで負帰還をかける回路を**ボルテージフォロア**という．この回路はバッファとして活用される．以下にボルテージフォロアの特徴と動作について説明する．

▶ **特徴**　ボルテージフォロアは，入力インピーダンスがたいへん大きく（$Z_{\mathrm{IN}} \fallingdotseq \infty\ \Omega$），出力インピーダンスがたいへん小さく（$Z_{\mathrm{OUT}} \fallingdotseq 0\ \Omega$），電圧増幅度 $A_v = 1$ の特性をもつ．

図 5.17　ボルテージフォロア

▶ **動作**　図 5.17 の入力 IN に加えられた電圧 V_1 と反転入力端子に加わる電圧 V_2 とは，バーチャルショートによって同じになる．また，出力端子は反転入力端子とショートされているため，出力電圧 V_{OUT} は，V_2 と同じである．したがって，$V_{\mathrm{OUT}} = V_1$ になる．

▶ **バッファの役割**　バッファ（緩衝増幅器）は，ボルテージフォロアと同様に Z_{IN} が大きく，Z_{OUT} が小さく，$A_v = 1$ 倍の特徴をもち，電圧源の電圧を負荷にその

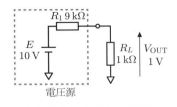
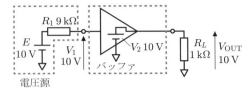

（a）負荷を電圧源に直接接続　　（b）バッファを電圧源と負荷間に挿入

図 5.18　バッファの役割

まま伝えるはたらきがある．

図 5.18(a) は，電圧源（出力インピーダンス $R_1 = 9\,\mathrm{k\Omega}$，電圧 $E = 10\,\mathrm{V}$）に負荷 $R_L = 1\,\mathrm{k\Omega}$ を接続した回路である．R_L に加わる電圧 V_OUT は，R_1 と R_L の分圧により 1 V に下がる．

図 5.18(b) は，電圧源と負荷の間にバッファを挿入した回路である．バッファの入力に加わる電圧 V_1 は，バッファの入力インピーダンスが非常に高いため，10 V である．バッファの電圧増幅度は 1 倍であるため，バッファの出力電圧 V_2 は 10 V である．またバッファの出力抵抗は非常に小さいため，V_OUT は V_2 と同じ 10 V である．このようにバッファ（ボルテージフォロア）を電圧源と負荷の間に挿入すると，電源電圧 E を負荷にそのまま加えることができる．

4 非反転増幅回路

▶ **電圧増幅度 A_v**　　図 5.19 のように，入力電圧 V_IN を非反転入力端子に加え，V_OUT を R_1 と R_2 で分圧した電圧 V_2 で負帰還をかける回路を非反転増幅回路という．ここでは，非反転増幅回路の A_v を導出してみよう．反転入力端子の入力インピーダンスは十分大きいものとして無視すると，V_2 と V_OUT の関係は分圧の公式により次式で与えられる．

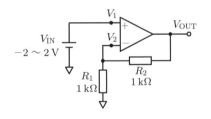

図 5.19　非反転増幅回路

$$V_2 = \frac{R_1}{R_1 + R_2} V_\mathrm{OUT} \tag{5.3}$$

式 (5.3) を変形すると次式となる．

$$V_\mathrm{OUT} = \frac{R_1 + R_2}{R_1} V_2 \tag{5.4}$$

バーチャルショート（$V_1 = V_2$）より，式 (5.4) は次式となる．

$$V_{\text{OUT}} = \frac{R_1 + R_2}{R_1} V_1 = \frac{R_1 + R_2}{R_1} V_{\text{IN}} \tag{5.5}$$

式(5.5)より，A_v は次式のように表せる．

$$A_v = \frac{V_{\text{OUT}}}{V_{\text{IN}}} = \frac{R_2}{R_1} + 1 \tag{5.6}$$

式(5.6)は，非反転増幅回路の増幅度を求める式としてよく用いられ，たいへん重要である．

▶ **入出力特性** 　図 5.20 は，図 5.19 の入力電圧 V_{IN} を $-2 \sim 2$ V に変化させたときの入出力特性である．グラフは，式(5.5)を用いて作成した．入出力特性は直線であるため，非反転増幅器は線形増幅器である．

▶ **信号の増幅** 　図 5.21 は，非反転増幅器に入力信号 v_{in}（振幅 1 V）を加えた回路である．出力信号 v_{out} は，図 5.20 の入出力特性より作図して求められる．v_{out} は振幅 2 V であり，その位相は v_{in} と同じである．このように非反転増幅器は，直流と交流の両方を増幅する．信号に対する電圧増幅度は，直流と同様に式(5.6)で求めることができる．また，非反転増幅器は線形増幅器のため，出力波形は入力波形と同じになる．図 5.21 に各部の信号を示す．反転入力端子に加わる電圧 v_2 は，バーチャルショートにより v_{in} と同じである．

▶ **入出力電圧のイメージ** 　非反転増幅回路の入出力電圧の関係は，図 5.21 の①〜③の電圧より，図 5.22 のように点 O を支点とした $R_1 + R_2$ の長さの棒を持ち上げた図として考えることができる．長さ R_1 の場所の高さが v_{in}（v_2）のとき，長さ $R_1 + R_2$ の場所の高さが v_{out} である．点 O は 0 V である．

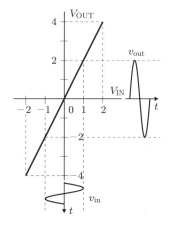

図 5.20　入出力特性

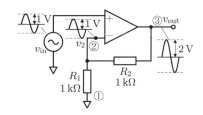

図 5.21　非反転増幅回路の交流動作

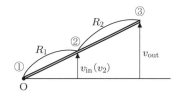

図 5.22　入出力電圧のイメージ

■ 問題

5.3-1【負帰還】（ ）中に当てはまる言葉を下の枠の中から選びなさい．

オペアンプは，必要な増幅度を得るために出力電圧を（ a ）に戻して使う．これを（ b ）をかけるという．

抵抗を用いて負帰還をかけたとき，この抵抗を（ c ）という．

負帰還をかけた増幅器は，（ d ）やばらつきによる増幅度の変動が小さい．また，出力波形の（ e ）が小さくなるという利点がある．

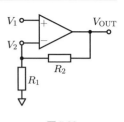

図 5.23

図 5.21 の回路のように負帰還をかけたとき，非反転入力端子の電圧 V_1 と反転入力端子の電圧 V_2 は同じになる．この現象を（ f ）という．

以下は図 5.23 の回路のバーチャルショートの原理を表している．

	$V_1 > V_2$ の場合		$V_1 < V_2$ の場合
V_{OUT}	（ g ）	V_{OUT}	（ i ）
V_2	（ h ）	V_2	（ j ）

したがって，V_1 =（ e ）となる．

バーチャルショート　負帰還　反転入力端子　温度変化　負帰還抵抗　ひずみ
高くなる　低くなる　V_2

5.3-2【ボルテージフォロア】つぎの問いに答えなさい．
(1) 図 5.24 の回路の出力電圧 V_{OUT} を求めなさい．
(2) ボルテージフォロア回路の特徴（入力インピーダンス Z_{IN}，出力インピーダンス Z_{OUT}，増幅度 A_v）と用途について述べなさい．

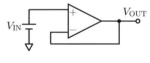

図 5.24

5.3-3【非反転増幅回路】つぎの問いに答えなさい．
(1) 図 5.25 の回路の出力電圧 V_{OUT} をつぎの非反転増幅回路の電圧増幅度の式を用いて求めなさい．

$$A_v = \frac{R_2}{R_1} + 1$$

(2) バーチャルショートを用いて(1)の式を導きなさい．

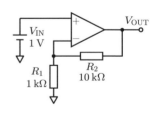

図 5.25

5.3-4【非反転増幅回路の交流信号の増幅】図 5.26(a)の回路においてつぎの問いに答えなさい．
(1) 入力電圧 V_{IN} を $-2 \sim 2$ V まで変化させたときの $V_{IN} - V_{OUT}$ 特性のグラフを図

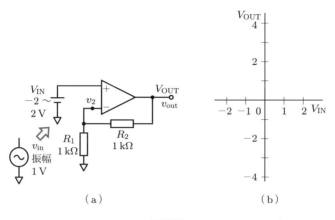

(a)　　　　　　　　　　(b)

図 5.26

5.26(b) に描きなさい．

(2) V_{IN} を信号源 v_{in}（振幅 1 V）に置き換えた．このときの出力信号 v_{out} を，(1) のグラフを用いて求めなさい．

(3) 入力が v_{in} のとき，反転入力端子の電圧 v_2 を求めなさい．

5.3-5【演習問題】 図 5.27 の各非反転増幅回路の電圧増幅度 A_v と電圧利得 G_v を求めなさい．オペアンプは理想オペアンプとする．

〈ヒント〉

(2) $A_{v1} = V_2/V_{IN}$, $A_{v2} = V_{OUT}/V_2$. 総合増幅度（二つ合わせた増幅度）$A_v = V_{OUT}/V_{IN} = A_{v1}A_{v2}$.

(3) $A_{v1} = V_1/V_{IN}$, $A_{v2} = V_{OUT}/V_1$. $A_v = A_{v1}A_{v2}$.

(4) 式 (5.3) 〜 (5.6) より，増幅度は出力に接続された R に影響されない．

(5) 理想オペアンプの入力インピーダンスは∞のため，非反転入力端子電圧 V_1 は V_{IN} と同じ．

(6) オペアンプの増幅度 $A_{v1} = V_2/V_{IN}$. 問題の出力の増幅度 $A_v = V_{OUT}/V_{IN} = (2/3)A_{v1}$.

(7) バーチャルショートより $V_1 = V_{IN}$. R に流れる電流ゼロより $V_{OUT} = V_1$.

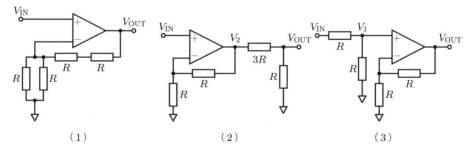

(1)　　　　　　　　(2)　　　　　　　　(3)

図 5.27

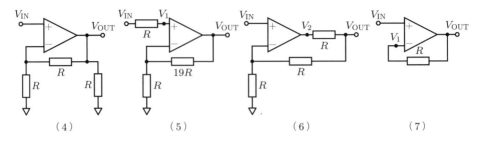

図 5.27 のつづき

5.3-6【演習問題】 図 5.28 において，二つの非反転増幅回路の総合利得 G_v が 46 dB となるように R_3 を求めなさい．

〈ヒント〉 $G_v = 46 = 20 + 20 + 6$．総合増幅度 $A_v = 10 \times 10 \times 2 = 200$ 倍．

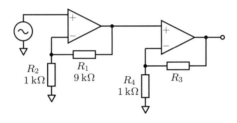

図 5.28

5.4 反転増幅回路

反転増幅器は，入出力の符号（位相）が逆になる増幅器であり，非反転増幅回路と同様によく使われる増幅回路である．ここでは，反転増幅回路の特徴としくみについて説明する．

1 反転増幅回路の構成

図 5.29 は反転増幅回路である．入力電圧 V_{IN} は，入力抵抗 R_1 を介して反転入力端子に加えられる．出力電圧 V_{OUT} はフィードバック抵抗 R_2 を介して反転入力端子にフィードバックされる．非反転入力端子は接地される．

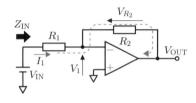

図 5.29 反転増幅回路

2 反転増幅回路の動作

以下に図 5.29 の回路を解析する．

▶ **反転端子の電圧 V_1**　　V_1 は，バーチャルショートにより非反転入力端子の電圧と同じ 0 V である．

▶ **出力電圧 V_{OUT}**　　図 5.29 の破線矢印は，電源 V_{IN} から出力された電流 I_1 の経路である．I_1 は R_1，R_2 を通り，オペアンプの出力に流れ込む．よって，次式が成り立つ．

$$I_1 = \frac{V_{IN} - V_1}{R_1} \tag{5.7}$$

$$V_{OUT} = V_1 - V_{R_2} = V_1 - R_2 I_1 \tag{5.8}$$

式 (5.7) と式 (5.8) は，$V_1 = 0$ V の条件より次式となる．

$$I_1 = \frac{V_{IN}}{R_1} \tag{5.9}$$

$$V_{OUT} = -R_2 I_1 = -\frac{R_2}{R_1} V_{IN} \tag{5.10}$$

V_{OUT} は V_{IN} の逆符号の電圧となる．

▶ **電圧増幅度 A_v**　　式 (5.10) より反転増幅回路の A_v はつぎのようになる．

$$A_v = \frac{V_{OUT}}{V_{IN}} = -\frac{R_2}{R_1} \tag{5.11}$$

式 (5.11) は反転増幅回路の増幅度を求めるときに用いられ，重要である．

▶ **入力インピーダンス Z_{IN}**　　反転入力増幅回路の Z_{IN} は次式となる．

$$Z_{IN} = \frac{V_{IN}}{I_1} \tag{5.12}$$

式(5.9)を式(5.12)に代入すると次式となる．

$$Z_{IN} = R_1 \tag{5.13}$$

3 入出力特性

図 5.30 は，反転増幅器の入出力特性を評価する回路である．オペアンプはレールツーレールであり，オペアンプに加えられる電源電圧は±4Vである．入力電圧 V_{IN} は −3 〜 3V に変化させて加えられる．

図 5.31 は，式(5.10)より作図した入出力特性である．オペアンプの出力動作範囲により，V_{OUT} は −4V と 4V の箇所でクリップする．

4 信号の増幅

▶ **入出力波形**　　図 5.32 は，反転増幅回路に入力信号 v_{in} を加えた回路である．出力信号 v_{out} は，図 5.31 の入出力特性より作図して求められる．

図 5.31 の実線の波形が $v_{in} = 1V$ のときの入出波形である．v_{out} は，振幅 2V であり，その位相は v_{in} と逆である．信号に対する出力電圧と電圧増幅度は，直流と同様に式(5.10)，(5.11)で求めることができる．反転増幅回路は線形特性の箇所で動作しており，出力波形はひずみのない正弦波になる．

図 5.31 の破線の波形が $v_{in} = 3V$ のときの入出波形である．v_{out} がオペアンプの出力動作範囲を超えるため，−4V と 4V の箇所でクリップする．

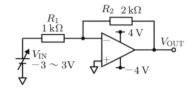

図 5.30　入出力特性の評価回路

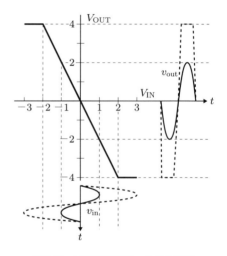

図 5.31　反転増幅回路の入出力特性

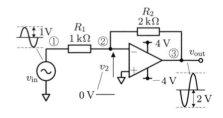

図 5.32　反転増幅回路の交流動作

▶ **反転入力端子電圧** v_2　図5.32に各部の信号を示す．v_2は，バーチャルショートにより非反転入力端子に加わる電圧と同じ0Vである．v_{in}が加えられているのにv_2が0Vとなるのは，逆相のv_{out}がv_2に加わるためである．v_{out}はv_2が0Vとなるように出力される．

5 入出力電圧のイメージ

反転増幅回路の入出力電圧の関係は，図5.32の①〜③の電圧より図5.33のように点Oを支点として，$R_1 + R_2$の長さの棒のR_1側を持ち上げた図として考えることができる．長さR_1の場所の高さがv_{in}のとき，反対側の長さR_2の場所の高さがv_{out}である．点Oは0Vである．

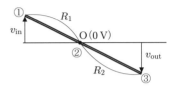

図5.33　入出力電圧のイメージ図

■ 問題

5.4-1【反転増幅器】 図5.34の回路においてつぎの問いに答えなさい．
(1) 電流I_1を求めなさい．
(2) 出力電圧V_{OUT}を求めなさい．
(3) 電圧増幅度の式を導出しなさい．
(4) 電源より回路をみたときの入力インピーダンスZ_{IN}を求めなさい．

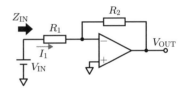

図5.34

5.4-2【入出力特性】 図5.35(a)の回路においてつぎの問いに答えなさい．オペアンプはレールツーレールとする．

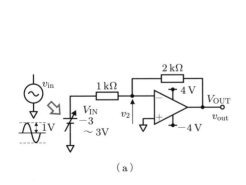

(a)

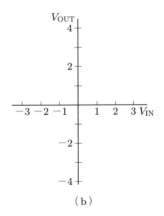

(b)

図5.35

(1) 入力直流電圧 V_{IN} を $-3 \sim 3$ V に変化させたときの入出力特性（$V_{IN} - V_{OUT}$）のグラフを図 5.35(b) に描きなさい．

(2) V_{IN} を入力信号 $v_{in} = 1$ V に変えたときの出力波形 v_{out} を，(1) の入出力特性より作図して求めなさい．

(3) 入力信号 $v_{in} = 3$ V にしたときの v_{out} を (1) の入出力特性より求めなさい．

(4) 入力信号 $v_{in} = 1$ V のとき，v_2 の波形を描きなさい．

5.4-3 図 5.36 の各回路の出力電圧 V_{OUT} と電圧利得 G_v を求めなさい．オペアンプは理想オペアンプとする．

〈ヒント〉

(3) 非反転入力端子の電圧はゼロ．図 5.29 と同様に考えることができる．

(4) バーチャルショートのため，R_3 に加わる電圧はゼロ．R_3 には電流が流れないため，R_3 を取り外して考えることができる．

(5) V_{IN}, R_1, R_2, R_3 の回路を，テブナンの定理により等価電源と等価抵抗に置き換える．

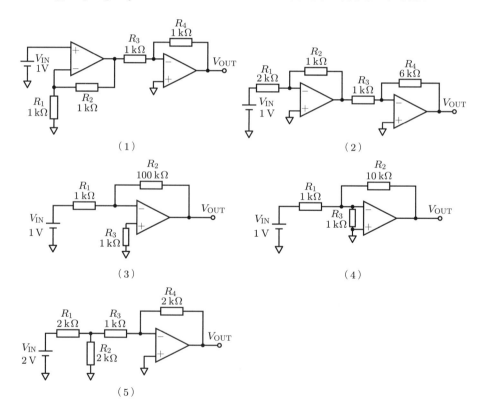

図 5.36

5.5 加算回路と減算回路

加算回路や減算回路は，複数の入力信号を足したり引いたりする演算回路である．これらは，デジタル値をアナログ値に変換する装置（D/A 変換器）や，複数の信号を合成して音色を変えるシンセサイザー，複数の音を同時に出力するミキサーなどで用いられる．ここでは，加算回路と減算回路のしくみについて説明する．

1 反転増幅器を用いた加算回路

図 5.37 は反転増幅器を用いた加算回路であり，出力電圧 V_{OUT} は入力電圧 V_1 と V_2 の加算となる．重ね合わせの理を用いて V_{OUT} を求めてみよう．

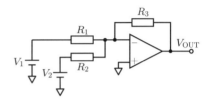

図 5.37 反転増幅器を用いた加算回路

〈V_1 のみで考える〉 図 5.38(a)は，図 5.37 を V_1 のみで考えた回路である．R_2 に加わる電圧 V_{R_2} はバーチャルショートにより 0 V である．そのため，R_2 には電流が流れず，R_2 を取り除いて考えることができる．出力電圧 V_{OUT}' は次式となる．

$$V_{OUT}' = -\frac{R_3}{R_1} V_1$$

〈V_2 のみで考える〉 図 5.38(b)は，図 5.37 を V_2 のみで考えた回路である．図 5.38(a)と同様に R_1 を無視して考えると，出力電圧 V_{OUT}'' は次式となる．

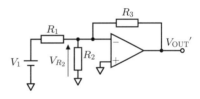

(a) V_1 のみの回路

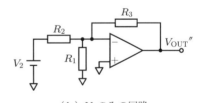

(b) V_2 のみの回路

$$V_{OUT}'' = -\frac{R_3}{R_2} V_2$$

V_{OUT} は，V_{OUT}' と V_{OUT}'' の合計である．

図 5.38 加算回路の重ね合わせの理による解法

$$V_{OUT} = V_{OUT}' + V_{OUT}''$$
$$= -\frac{R_3}{R_1} V_1 - \frac{R_3}{R_2} V_2 \quad (5.14)$$

ここで，$R_1 = R_2 = R_3$ とすると式(5.14)は次式となる．

$$V_{OUT} = -(V_1 + V_2) \quad (5.15)$$

V_{OUT} は符号が反転した V_1 と V_2 を合わせた値となる．

▶ 反転増幅器の追加　図 5.39 の回路は，図 5.37 の加算回路に増幅度 $A_v = -1$ 倍

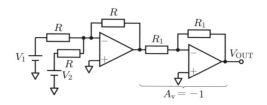

図 5.39 反転増幅器が追加された加算回路

の反転増幅器を追加したものである．これにより，式(5.15)の V_{OUT} はマイナス符号が取り除かれ，つぎの加算電圧が得られる．

$$V_{OUT} = V_1 + V_2 \tag{5.16}$$

2 非反転増幅器を用いた加算回路

図 5.40 は非反転増幅器を用いた加算回路である．はじめに非反転入力端子の電圧 V_3 を重ね合わせの理を用いて求め，その後に出力電圧 V_{OUT} を求めてみよう．

〈V_1 のみで考える〉　図 5.41(a) は V_1 のみで考えた入力回路である．非反転入力端子の電圧 V_3' は，つぎのように R_1 と R_2 の分圧で求めることができる．

$$V_3' = \frac{R_2}{R_1 + R_2} V_1$$

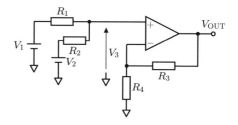

図 5.40 非反転増幅器を用いた加算回路

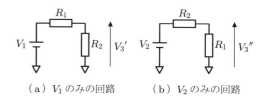

(a) V_1 のみの回路　　(b) V_2 のみの回路

図 5.41 重ね合わせの理による入力回路の解析

〈V_2 のみで考える〉　図 5.41(b) は V_2 のみで考えた入力回路である．非反転入力端子の電圧 V_3'' は次式で求められる．

$$V_3'' = \frac{R_1}{R_1 + R_2} V_2$$

V_3 と V_{OUT} はつぎのとおりである．

$$V_3 = V_3' + V_3'' = \frac{R_2}{R_1 + R_2} V_1 + \frac{R_1}{R_1 + R_2} V_2 \tag{5.17}$$

$$V_{OUT} = \left(\frac{R_3}{R_4} + 1\right) V_3 \tag{5.18}$$

ここで，$R_1 = R_2$，$R_3 = R_4$ とすると，式(5.17)，(5.18)より V_{OUT} は次式のように V_1 と V_2 の加算となる．

$$V_{OUT} = V_1 + V_2 \tag{5.19}$$

3 減算回路

図 5.42 は減算回路であり，出力電圧 V_{OUT} は V_2 から V_1 を引いた値となる．重ね合わせの理を用いて V_{OUT} を求めてみよう．

⟨V_1 のみで考える⟩　図 5.43(a) は，V_1 のみで考えた回路である．この回路は，V_1 に対して反転増幅器として動作し，出力電圧 $V_{OUT}{}'$ は次式で求められる．

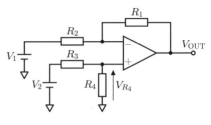

図 5.42　減算回路

$$V_{OUT}{}' = -\frac{R_1}{R_2} V_1$$

⟨V_2 のみで考える⟩　図 5.43(b) は，V_2 のみで考えた回路である．この回路は，V_2 に対して非反転増幅器として動作し，出力電圧 $V_{OUT}{}''$ は次式で求められる．

$$V_{R_4} = \frac{R_4}{R_3 + R_4} V_2$$

$$V_{OUT}{}'' = \left(\frac{R_1}{R_2} + 1\right) V_{R_4}$$

$$V_{OUT} = V_{OUT}{}' + V_{OUT}{}'' = -\frac{R_1}{R_2} V_1 + \left(\frac{R_1}{R_2} + 1\right) \frac{R_4}{R_3 + R_4} V_2 \tag{5.20}$$

ここで，$R_1 = R_2$，$R_3 = R_4$ とすると，式(5.20)はつぎのようになり，V_{OUT} は V_2 より V_1 を引いた値となる．

$$V_{OUT} = V_2 - V_1 \tag{5.21}$$

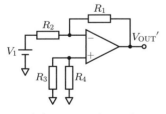 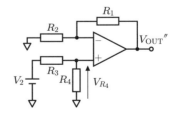

（a）V_1 のみによる回路　　　　（b）V_2 のみによる回路

図 5.43　減算回路の重ね合わせの理による解法

■ 問題

5.5-1【反転増幅器を用いた加算回路】 図 5.44 の回路においてつぎの問いに答えなさい.
(1) V_{OUT} を求めなさい.
(2) $R_1 = R_2 = R_3$ のときの V_{OUT} を求めなさい.

5.5-2【反転増幅器の追加】 図 5.45 の回路で, $V_{OUT} = V_1 + V_2$ となるよう R_1 と R_2 の条件を求めなさい.

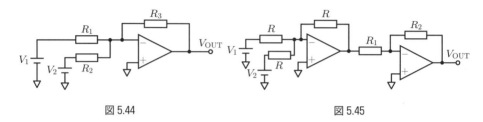

図 5.44　　　　　図 5.45

5.5-3【演習問題】 図 5.46 の回路で, $V_{OUT} = -(2V_1 + 3V_2)$ となるよう R_1 と R_3 を求めなさい. $R_2 = 1\,\mathrm{k\Omega}$ とする.

5.5-4【非反転増幅器を用いた加算回路】 図 5.47 の回路においてつぎの問いに答えなさい.
(1) V_{OUT} を求めなさい.
(2) $V_{OUT} = V_1 + V_2$ となるための $R_1 \sim R_4$ の条件を求めなさい.

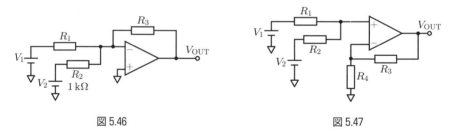

図 5.46　　　　　図 5.47

5.5-5【減算回路】 図 5.48 の回路において, つぎの問いに答えなさい.
(1) V_{OUT} を求めなさい.
(2) $V_{OUT} = V_2 - V_1$ となるための $R_1 \sim R_4$ の条件を求めなさい.

5.5-6【演習問題】 図 5.49 は加算と減算を行う加減算回路である. V_{OUT} を求めなさい. ただし, $R_1 \sim R_6 = R$ とする.
〈ヒント〉 重ね合わせの理を用いる.

V_1 のみで考える. $V_{OUT}' = -\dfrac{R_5}{R_1}V_1 = -V_1$.

V_2 のみで考える. $V_{OUT}'' = -\dfrac{R_5}{R_2}V_2 = -V_2$.

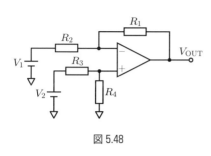

図 5.48

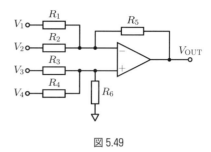

図 5.49

V_3 のみで考える．非反転入力端子に加わる電圧 $V_b = \dfrac{R_4 // R_6}{R_3 + (R_4 // R_6)} V_3$.

$V_{\text{OUT}}''' = \left(\dfrac{R_5}{R_1 // R_2} + 1\right) V_b = V_3$.

V_4 のみで考える．V_3 の場合と同様に考えると，$V_{\text{OUT}}'''' = V_4$.
$V_{\text{OUT}} = V_{\text{OUT}}' + V_{\text{OUT}}'' + V_{\text{OUT}}''' + V_{\text{OUT}}''''$.

5.5-7【演習問題】 図 5.50 は，デジタル値をアナログ値に変換する D/A 変換器の回路である．入力電圧 $V_1 \sim V_3$ に表 5.1 の電圧が入力された．各入力における出力電圧 V_{OUT} を求めなさい．

〈ヒント〉 V_0 が 2 進数のビット 0，V_1 がビット 1，V_2 がビット 2 に対応する．

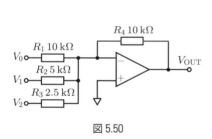

図 5.50

表 5.1

V_2 [V]	V_1 [V]	V_0 [V]	V_{OUT} [V]
0	0	0	
0	0	1	
0	1	0	
0	1	1	
1	0	0	
1	1	1	

第 **6** 章

オペアンプ（実用編）

第5章の増幅回路では，理想オペアンプを用いるか，またはオペアンプの電源にプラスとマイナスの二つの電源（両電源）を使用して動作させてきた．しかし実際の増幅回路は，一つの電源（単電源）で動作させることがほとんどであり，その際，オペアンプにバイアスが必要となる．

この章では，はじめに単電源で動作する非反転増幅回路と反転増幅回路について説明する．つぎに，比較器でよく用いられるコンパレータとその応用回路について説明する．

6.1 同相入力電圧範囲

オペアンプを正しく動作させるには，同相入力電圧範囲 V_{ICM} について知っておく必要がある．ここでは，はじめにオペアンプの V_{ICM} について説明し，その後に V_{ICM} が非反転増幅回路に及ぼす影響について説明する．

1 同相入力電圧範囲 V_{ICM}

V_{ICM} は，オペアンプの二つの入力端子に同じ電圧や同相の信号が加わった状態でオペアンプが正常に動作する入力電圧範囲であり，その値はデーターシートに記載されている．

▶ **測定回路** 図 6.1 は同相入力電圧範囲の測定回路である．入出力をショートさせて二つの入力端子に同電圧（同相電圧）が加わるようにしている．V_{ICM} は，図の回路において入力電圧 V_{IN} を変化させ，V_{IN} と出力電圧 V_{OUT} が等しい範囲である．

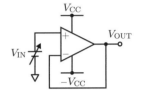

図 6.1 同相入力電圧範囲の測定回路

▶ **実際の同相入力電圧範囲** 図 6.1 のオペアンプの V_{ICM} は，電源電圧により決定される．一般的なオペアンプの V_{ICM} は，つぎのとおりである．

$$-V_{CC} + V_a \leq V_{ICM} \leq V_{CC} - V_b \qquad (6.1)$$

ここで，V_a, V_b はオペアンプによって異なるが，0 ～ 1.5 V 程度である．

▶ **設計上の注意** オペアンプを正常に動作させるには，二つの入力（非反転，反転）端子に加わる電圧をどちらも V_{ICM} の範囲内にする必要がある．入力電圧が V_{ICM} を超えると，V_{OUT} からは予測していない値（多くの場合，出力電圧の上限または下限値）が出力される．

2 オペアンプの種類

オペアンプには，両電源用と単電源用がある．二つのオペアンプの特徴を以下に述べる．

▶ **両電源用オペアンプ** プラス電源 (V_{CC}) とマイナス電源 ($-V_{CC}$) を供給して動作させるオペアンプを両電源用オペアンプという．図 6.2 は，両電源用オペアンプを単電源で動作させた回路である．図 6.3(a) は，両電源用オペアンプの同相入力電圧範囲が（0.1 V ≦

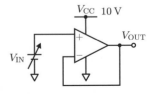

図 6.2 入出力特性評価回路

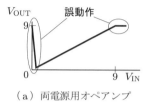
（a）両電源用オペアンプ

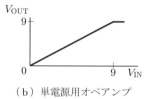
（b）単電源用オペアンプ

図 6.3　入出力特性

$V_{ICM} \leqq 9\,V$）である場合の入出力特性の一例である．V_{IN} が同相入力電圧範囲外になると，誤作動して V_{OUT} はオペアンプの最大出力電圧（ここでは 9 V）になる．

▶ **単電源用オペアンプ**　V_{ICM} と出力電圧範囲が 0 V まで動作保証されているオペアンプを単電源用オペアンプという．図 6.3(b) は，図 6.2 の回路に単電源用オペアンプを用いた場合の入出力特性である．入力電圧は 0 V まで正常に動作する．

3 バイアスを追加した非反転増幅回路

▶ **信号を直接入力**　図 6.4 は，単電源で動作させた非反転増幅器に信号 v_{in} を入力した回路である．オペアンプの同相入力電圧範囲は，$0\,V < V_{ICM} < 10\,V$，出力動作範囲はレールツーレールとする．

図 6.5 は，図 6.4 の回路の出力電圧 v_{out} の波形である．v_{in} がプラスのときは，オペアンプは正常に動作するが，マイナスのときは，非反転入力端子に加わる電圧が同相入力電圧範囲外であるため，どのような電圧が出力されるか不明である．

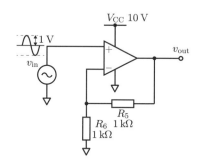
図 6.4　交流信号を入力

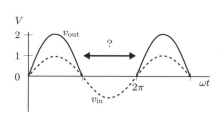
図 6.5　入出力信号

▶ **バイアスの追加**　図 6.6 は，図 6.4 の回路の入力にバイアス電圧 E_1（2.5 V）を加えた回路である．

図 6.7 は，図 6.6 の回路の出力電圧 V_{OUT} の波形である．非反転入力端子に加わる電圧 V_1 は，V_{ICM} 以内であるため，オペアンプは正常に動作する．このように，非反

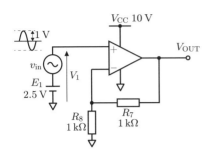
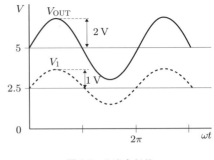

図 6.6　交流信号を入力　　　　　　　　図 6.7　入出力信号

転増幅回路を単電源で動作させるには，図 6.6 のようにバイアス電圧が必要となる．

■ 問題

6.1-1【同相入力電圧範囲】（　）の中に当てはまる言葉を書き込みなさい．
　オペアンプを正常に動作させるには，非反転入力端子と反転入力端子のどちらも（ a ）範囲を超えないようにする必要がある．
　同相入力電圧範囲と出力電圧範囲が 0 V まで動作保証されているオペアンプを（ b ）オペアンプという．

6.1-2【同相入力電圧範囲】図 6.8 の各回路の出力電圧 V_{OUT} を求めなさい．オペアンプの同相入力電圧範囲 V_{ICM} は回路図に示されたとおりである．オペアンプの入力端子に加わる電圧が V_{ICM} の範囲を超えた場合，出力電圧 V_{OUT} は不明（？）となるものとする．

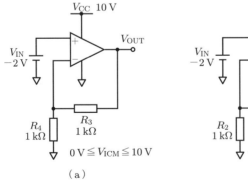

図 6.8

6.1-3【バイアスを追加した非反転増幅回路】図 6.9 の各回路の出力波形を描きなさい．
　オペアンプの同相入力電圧範囲は $0\,V < V_{ICM} < 10\,V$ とする．入力電圧が V_{ICM} の範

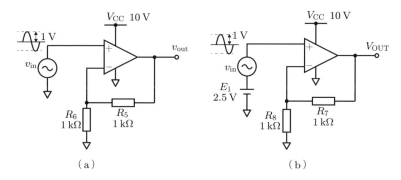

図 6.9

囲を超えた場合,出力電圧 V_{OUT} は不明(?)となるものとする.

6.2 単電源動作の非反転増幅回路

ここでは，単電源で動作する実用的な非反転増幅回路について説明する．ここで解説する回路は，実際の電子機器内でよく用いられるので，しっかりと理解しておく必要がある．

1 増幅度が高いときのバイアス電圧

図 6.10 は，信号 v_{in} にバイアス E_1 を加えて単電源で動作する非反転増幅回路であり，その電圧増幅度 A_v は 100 倍である．この回路は信号とともにバイアス電圧も増幅するため，出力電圧のバイアスを $V_{CC}/2$（5 V）にする場合，バイアス電圧 E_1 は 50 mV にする必要がある．このバイアス電圧では，オペアンプによっては入力電圧（V_1, V_2）が同相入力電圧範囲 V_{ICM} より低くなり，オペアンプが正常に動作しない可能性がある．また，バイアス電圧 E_1 がわずかでも変化すると，出力電圧のバイアスはその影響を大きく受ける．

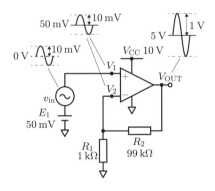

図 6.10　増幅度が高い非反転増幅回路

2 信号のみを増幅する非反転増幅回路

▶ **動作**　図 6.11 は，信号のみに対して増幅度をもたせた非反転増幅回路であり，1 の増幅度を上げたときの問題を解決することができる．図 6.10 の回路にコンデンサ C_2 が追加されている．C_2 は大きな容量をもつとし，そのインピーダンスはゼロとみなせるものとする．

図 6.11 の入力電圧 V_1 と出力電圧 V_{OUT} より増幅度を計算すると，交流成分の増幅度は 100 倍であるが，直流成分の増幅度は 1 倍である．入力バイアス電圧 E_1（5 V）により V_1, V_2 は V_{ICM} 以内となり，オペアンプは正

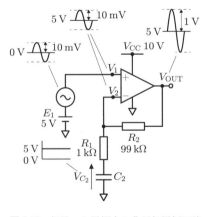

図 6.11　信号のみ増幅する非反転増幅回路

常に動作する．

▶ **回路解析** 図 6.11 の V_OUT を重ね合わせの理を用いて解いてみよう．

〈交流成分のみで考える〉 図 6.12(a)は，図 6.11 を交流成分のみで考えた回路である．C_2 はショートに置き換えられる．電圧増幅度 A_v は 100 倍であり，出力電圧 v_out は 1 V である．

〈直流成分のみで考える〉 図 6.12(b)は，図 6.11 を直流成分のみで考えた回路である．直流に対する C_2 のインピーダンスは∞のため，R_1 は開放状態となる．出力電圧 V_OUT' は，以下のように求めることができる．

$$V_2 = E_1 \quad (\text{バーチャルショートより}) \tag{6.2}$$

$$V_\text{OUT}' = V_2 + V_{R_2} \tag{6.3}$$

$$V_{R_2} = 0 \text{ V} \quad (R_2 に流れる電流はゼロより) \tag{6.4}$$

式(6.2)，(6.4)を式(6.3)に代入すると，つぎのようになる．

$$V_\text{OUT}' = E_1 = 5 \text{ V}$$

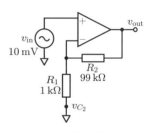

(a) 交流回路

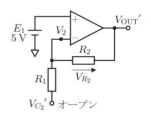

(b) 直流回路

図 6.12 重ね合わせの理を用いた解法

図 6.11 の V_OUT は，V_OUT' と v_out を合わせた値である．

▶ **各部の波形** 図 6.11 に反転入力端子の電圧 V_2 と C_2 に加わる電圧 V_{C_2} の波形を示す．V_2 は，バーチャルショートにより V_1 と同じである．V_{C_2} は，図 6.12 の直流成分 V_{C_2}' と交流成分 v_{C_2} を合わせた電圧である．図 6.12(a) の v_{C_2} は 0 V，図 6.12(b) の V_{C_2}' は R_1 が開放のため V_2（5 V）である．その結果，V_{C_2} は直流 5 V となる．

3 単電源動作の非反転増幅回路

図 6.13 は，実際によく用いられる単電源で動作する非反転増幅回路である．

▶ **入力回路** 図の破線で囲まれた R_3，R_4，C_1 は入力回路である．コンデンサ C_1 は十分大きな値とする．C_1 の両端電圧 V_{C_1} には，R_3 と R_4 で分圧されたバイアス電圧 5 V が加わる．非反転入力端子に加わる電圧 V_1 は，信号 v_in と V_{C_1} を合わせた電圧である．この V_1 は図 6.11 と同じであるため，図 6.13 の回

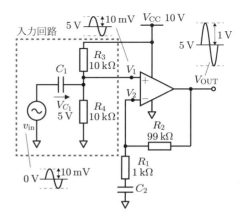

図 6.13 単電源動作の非反転増幅回路

路は図 6.11 と同様に動作する．

■ 問題

6.2-1【増幅度が高いときのバイアス電圧】図 6.14 の回路においてつぎの問いに答えなさい．
(1) オペアンプの出力電圧 V_{OUT} が示されている．バイアス電圧 E_1 を求めなさい．
(2) この回路の問題点を挙げなさい．

6.2-2【信号のみ増幅】図 6.15 の回路は，問題 6.2-1 の問題点を解決したものである．つぎの問いに答えなさい．
(1) オペアンプの出力電圧が図中の V_{OUT} の波形となるように，破線内に適切な部品を入れて回路を完成させなさい．
(2) ①～③の波形を描きなさい．

6.2-3【単電源動作の非反転増幅回路】図 6.16 の回路の破線内に適切な部品を入れて単電源で動作する非反転増幅回路を完成させなさい．

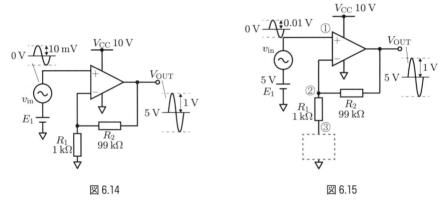

図 6.14　　　　　　　図 6.15

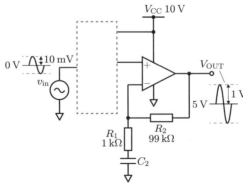

図 6.16

6.3 単電源動作の反転増幅回路

同相入力電圧範囲の理由により反転増幅回路も，単電源で動作させるにはバイアスが必要となる．ここでは，単電源で動作する実用的な反転増幅回路について説明する．ここで説明する回路も，実際によく使われるため，しっかりと理解しておく必要がある．

1 反転増幅回路における V_{ICM} の影響

図 6.17(a) は，バイアスを加えずに単電源で動作させた反転増幅回路である．同相入力電圧範囲 V_{ICM} は $0.1\,V < V_{ICM} < 9\,V$ とする．非反転入力端子の電圧は同相入力電圧範囲外（0 V）であるため，出力電圧 v_{out} は，どのような値になるかつねに不明である．

図 6.17(b) は，両電源で動作させた場合である．V_{ICM} の範囲は $-9.9\,V < V_{ICM} < 9\,V$ に広がるため，オペアンプは正常に動作する．

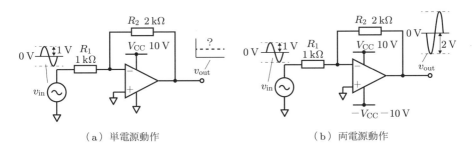

(a) 単電源動作　　　　　　　(b) 両電源動作

図 6.17　バイアスなしで動作させた反転増幅回路

2 バイアスを加えた反転増幅回路

図 6.18 は，単電源で反転増幅回路を正常に動作させるために，バイアス E_1 を加えた回路である．入力信号 v_{in} を加えた際の各部の波形も示す．

▶ **入力電圧**　　非反転入力端子に加える電圧は $E_1 = 5/3\,V$ であり，反転入力端子の電圧 V_2 はバーチャルショートにより E_1 と同じである．オペアンプの二つの入力電圧は V_{ICM} 以内であるため，オペアンプは正常に動作する．

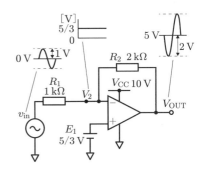

図 6.18　バイアスを加えた反転増幅回路

▶ **出力電圧 V_{OUT}**　　重ね合わせの理より，

V_{OUT} はつぎのように求められる.

v_{in} に対する出力電圧：$v_{\text{out}} = -v_{\text{in}}\dfrac{R_2}{R_1} = -2\,\text{V}$

E_1 に対する出力電圧：$V_{\text{OUT}}' = \left(1 + \dfrac{R_2}{R_1}\right)E_1 = 5\,\text{V}$

V_{OUT} は，v_{out} と V_{OUT}' を合わせた次式となる.

$V_{\text{OUT}} = V_{\text{OUT}}' + v_{\text{out}}$

▶ **増幅度を上げたときの問題点**　図 6.18 の回路で増幅度を上げたとき，出力バイアス電圧を 5 V にするには，バイアス電圧 E_1 を低くしなければならない．その際，オペアンプによっては E_1 が V_{ICM} より低くなり，オペアンプが正常に動作しなくなるため，注意が必要である．

3 信号のみを増幅する反転増幅回路

▶ **構造**　図 6.19 は，コンデンサ C_1 を追加して信号のみを増幅するようにした反転増幅回路であり，**2** の増幅度を上げたときの問題を解決することができる．非反転増幅回路に加えるバイアス電圧 V_1 は，電源 V_{CC} を抵抗で分圧して与えられる．バイアスに対する増幅度は 1 倍のため，V_1 は信号増幅度にかかわらず設定できる．この単電源で動作する反転増幅回路は実際によく使われる．

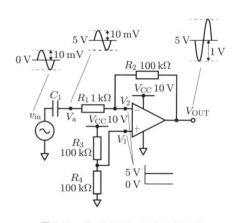

図 6.19　単電源動作の反転増幅回路

▶ **回路解析**　図 6.19 の回路の出力電圧 V_{OUT} を重ね合わせの理を用いて求めてみよう．

〈直流のみの回路〉　図 6.20(a) は，図 6.19 を直流のみで考えた回路である．コンデンサ C_1 は直流に対してインピーダンスは無限大であり，R_1 より先の回路は切り離される．この回路は，ボルテージフォロア回路として動作し，灰色でぬられている各部の電圧はつぎのように求められる．

$V_1' = \dfrac{V_{\text{CC}}}{2} = 5\,\text{V}$

$V_2' = V_1' = 5\,\text{V}$ 　（バーチャルショートより）

$V_{\text{OUT}}' = V_2' = 5\,\text{V}$

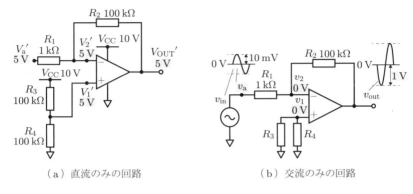

(a) 直流のみの回路 　　　　(b) 交流のみの回路

図 6.20　重ね合わせの理を用いた解法

$$V_a' = V_2' = 5\,\text{V}$$

〈交流のみの回路〉　図 6.20(b)は，図 6.19 を交流のみで考えた回路であり，反転増幅器として動作する．灰色でぬられている各部の電圧はつぎのように求められる．

$v_2 = v_1 = 0\,\text{V}$　（バーチャルショートより）

$v_\text{out} = A_v v_\text{in} = -1\,\text{V}$

$v_a = v_\text{in} = 10\,\text{mV}$

〈実際の波形〉　図 6.19 に反転増幅回路に加わる各部の波形を示す．これらの波形は，図 6.20(a)の直流成分と図 6.20(b)の交流成分とを足し合わせた電圧である．

■ 問題

6.3-1【反転増幅回路における V_ICM の影響】図 6.21 の各回路の出力波形 v_out を描きなさい．同相入力電圧範囲 V_ICM は図に示されたとおりである．

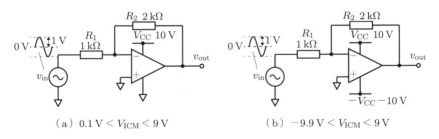

(a) $0.1\,\text{V} < V_\text{ICM} < 9\,\text{V}$　　　　(b) $-9.9\,\text{V} < V_\text{ICM} < 9\,\text{V}$

図 6.21

6.3-2【バイアスを加えた反転増幅回路】図 6.22 の各回路においてのつぎの問いに答えなさい．
(1) バイアス電圧 E_1 と V_2 を求めなさい．

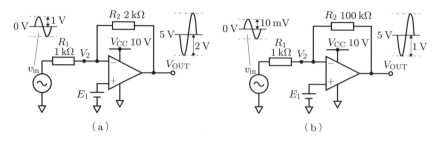

図 6.22

(2) 図 6.22(b) の回路の問題点を挙げなさい．

6.3-3【信号のみを増幅】図 6.23 の回路の破線内に適切な部品を入れて反転増幅回路を完成させなさい．

6.3-4【単電源動作の反転増幅回路】図 6.24 の回路においてつぎの問いに答えなさい．
 (1) 破線内に適切な部品を入れて一つの直流電源で動作する反転増幅回路を完成させなさい．
 (2) ①～③の波形を描きなさい．

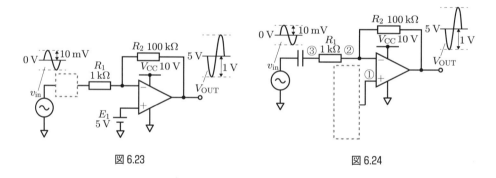

図 6.23　　　　　　　　　図 6.24

6.4 コンパレータ

オペアンプと似た動作をする電子部品としてコンパレータがある．ここでは，はじめにコンパレータとオペアンプの相違点について説明する．その後，コンパレータを用いた比較回路について説明し，最後に応用回路としてウィンドコンパレータとタイマー回路について説明する．

1 基本事項

図 6.25 は，コンパレータの回路記号と端子名である．これらはオペアンプと同じである．コンパレータの電源端子 V_+ と V_- には通常 V_{CC} と GND が接続される．回路記号を書く際，電源端子は省略されることもある．

コンパレータの動作はオペアンプと同様で，非反転入力端子に V_{IN_+}，反転入力端子に V_{IN_-} の電圧が加わったとき，出力状態はつぎのようになる．

$V_{IN_+} > V_{IN_-}$ のとき，出力状態：HI
$V_{IN_+} < V_{IN_-}$ のとき，出力状態：LO

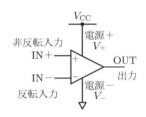

図 6.25　回路記号

2 コンパレータとオペアンプの違い

表 6.1 にオペアンプとコンパレータの違いをまとめる．

▶ **出力回路**　オペアンプの出力回路は電圧源で表されたが（図 5.5 参照），コンパレータの出力部は，図 6.26 に示すようにスイッチで表される．そのため，出力電圧 V_{OUT} を HI/LO に変化させる

表 6.1　オペアンプとコンパレータの違い

	オペアンプ	コンパレータ
出力回路	電圧源	スイッチ
負帰還	可能	不可
応答速度	遅い	早い
用途	増幅器（比較器）	比較器

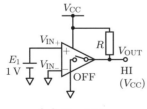
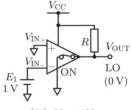

（a）$V_{IN_+} > V_{IN_-}$　　　　（b）$V_{IN_+} < V_{IN_-}$

図 6.26　コンパレータの動作

には出力端子と電源 V_{CC} 間に抵抗を挿入する必要がある．V_{OUT} とスイッチ SW の関係はつぎのとおりである．

V_{OUT} = HI（V_{CC}）のとき，スイッチ：OFF
V_{OUT} = LO（0 V）のとき，スイッチ：ON

図 6.27 は，出力に別電源 V_{CC2} を接続した回路である．出力が HI のときの V_{OUT} は，V_{CC2}（10 V）に設定される．

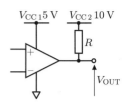

図 6.27　別電源を出力に接続

図 6.28 にコンパレータの出力回路を示す．トランジスタのコレクタ部が出力され，トランジスタのスイッチング作用によってスイッチが ON/OFF される．この出力回路を**オープンコレクタ**という．

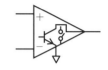

図 6.28　オープンコレクタ

▶ **負帰還**　オペアンプは，負帰還をかけて増幅器として使用することができるが，コンパレータはそれができない．コンパレータで負帰還をかけると回路が発振してしまい，不要な信号が出力される．これは，オペアンプには発振対策として位相補償コンデンサが内部に取り付けられているのに対して，コンパレータには取り付けられてないからである．図 5.4 の C_C が位相補償コンデンサである．

▶ **応答速度**　図 6.29(a) は，オペアンプまたはコンパレータにパルス波を加えたときの出力波形の反応（応答速度）を評価する回路である．コンパレータを評価するときは，出力部に R が接続される．図 6.29(b)，(c) は，その入出力波形である．コンパレータ CP の応答速度は速いのに対して，オペアンプ OP は遅く，パルスの立ち上がりと立ち下がりの箇所で応答が遅れる．この遅れは，位相補償コンデンサを挿入したために起こる．また，この遅れは次式の**スルーレート**（SR）とよばれるパラメータで表される．

$$SR = \frac{V_1}{T_1} \, [\text{V/μs}]$$

▶ **用途**　上記の理由よりコンパレータは比較器として，オペアンプは増幅器として使用される．なお，オペアンプは応答速度を問題としなければ比較器としても使用できる．

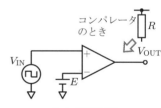

(a) 評価回路

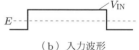

(b) 入力波形

(c) 出力波形

図 6.29　応答速度

例題 6.1 図 6.30 は比較回路である．つぎの問いに答えなさい．LED の降下電圧 V_D は，電流が流れたとき 2 V, 流れないとき 0 V とする．
(1) 閾値電圧を求めなさい．
(2) V_1 を 0 ～ 10 V まで変化させたときの出力電圧 V_{OUT} を求めなさい．
(3) LED が点灯する V_1 の範囲を求めなさい．
(4) LED 点灯時，LED に流れる電流 I_1 を求めなさい．

答え (1) 閾値 $V_2 = V_{CC1}/2 = 5$ V．
(2) 出力電圧 V_{OUT} を図 6.31 に示す．
(3) コンパレータのスイッチが ON のとき，$V_1 = 0 \sim 5$ V．
(4) $I_1 = (V_{CC2} - V_D)/R_3 = 15$ mA．

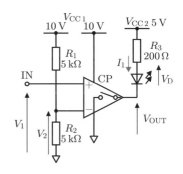

図 6.30 比較回路

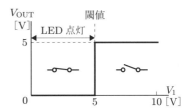

図 6.31 比較回路の出力電圧

3 ウィンドコンパレータ

図 6.32(a) は，ウィンドコンパレータとよばれる上限と下限の二つの閾値をもつ比較回路である．CP_1 の閾値は，非反転入力端子の電圧 6 V, CP_2 の閾値は反転入力端子の電圧 3 V に設定されている．図 6.32(b) は，ウィンドコンパレータの入力電圧 V_1 と出力電圧 V_{OUT} である．入力電圧 V_1 が，閾値内 (3 ～ 6 V) のとき $V_{OUT} = 9$ V, 閾値外のとき $V_{OUT} = 0$ V になる．

表 6.2 に時間区域 ① ～ ④ における CP_1, CP_2 のスイッチ SW_1, SW_2 の状態と V_{OUT} を示す．二つのスイッチのどちらかが ON のとき，V_{OUT} は 0 V になる．

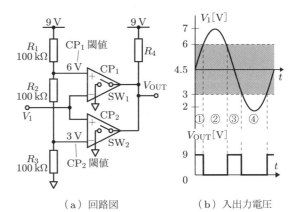

(a) 回路図　　(b) 入出力電圧

図 6.32 ウィンドコンパレータ

表 6.2 スイッチと出力電圧状態

	①	②	③	④
SW_1	OFF	ON	OFF	OFF
SW_2	OFF	OFF	OFF	ON
V_{OUT}	9 V	0 V	9 V	0 V

4 タイマー回路（図6.33）

タイマー回路は，一定時間特定の状態を保持する回路である．図6.33の回路では，入力信号 V_{IN} が入ると LED は10秒間点灯し続ける．図6.34 に V_{IN} と CP_2 の非反転入力端子に加わる電圧 V_1，出力電圧 V_{OUT} の状態を示す．SW_1，SW_2 は，CP_1，CP_2 の内部スイッチである．

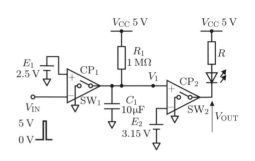

図6.33　タイマー回路

▶ **動作**　図6.34 の時間区域①～③の動作を説明しよう．

① CP_1 の閾値 E_1（2.5 V）を超える V_{IN} が入力されると，SW_1 が ON となり，C_1 は GND に接続される．C_1 に充電されていた電荷は急速に放電され，V_1 は 5 V から 0 V になる．コンパレータ CP_2 の閾値は E_2（3.15 V）であり，CP_2 内のスイッチ SW_2 は OFF から ON になる．V_{OUT} は，5 V から 0 V に変化し，LED は点灯する．

② V_{IN} が 0 V に戻ると，SW_1 は OFF となる．C_1 には電流が R_1 を通って流れ込み，C_1 に加わる電圧 V_1 は過渡現象によって徐々に高くなる．

③ V_1 が CP_2 の閾値 3.15 V を超え

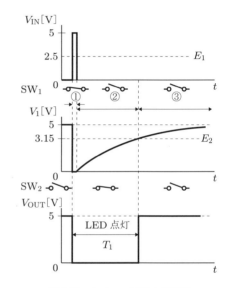

図6.34　タイマー回路の各電圧

ると，SW_2 は OFF，V_{OUT} は 5 V になり，LED は消灯する．

▶ **LED 点灯時間 T_1 の導出**　つぎに示す式(6.5)は過渡現象の式であり，時間区域②，③における V_1 の変化を表す（付録参照）．

$$V_1 = V_{CC}(1 - e^{-t/(C_1 R_1)}) \tag{6.5}$$

パルスが入力された後に T_1 秒が経ち，V_1 が E_2 になったときの条件を式(6.5)に代入すると次式となる．入力パルス V_{IN} の時間幅は小さく，無視できるものとする．

$$E_2 = V_{CC}(1 - e^{-T_1/(C_1 R_1)}) \tag{6.6}$$

式(6.6)を変形して T_1 を求めると次式となる．

$$T_1 = C_1 R_1 \ln\left(\frac{V_{CC}}{V_{CC} - E_2}\right) \tag{6.7}$$

例題 6.2 図 6.34 の LED が点灯する時間 T_1 を求めなさい．V_{IN} のパルス時間は小さく，無視できるものとする．

答え 式(6.7)に図 6.33 に示されている各定数を代入するとつぎのように求められる．

$$T_1 = 10 \times 10^{-6} \times 1 \times 10^6 \times \ln\left(\frac{5}{5 - 3.15}\right) \fallingdotseq 10 \text{ 秒}$$

【別解】図 6.36 より，$V_1 = 3.15$（約 $(2/3)V_{CC}$）のとき，$T_1 = \tau = C_1 R_1 = 10$ 秒．

付録

図 6.35 は過渡現象を評価する回路である．この回路は，図 6.33 のコンパレータ CP_1 の出力部分と等価である．

スイッチ SW_1 が ON 状態より，OFF にされると，抵抗 R_1 を流れる電流 I がコンデンサに充電され，コンデンサ間の電圧 V_1 は徐々に高くなる．経過時間 t に対する V_1 は次式で与えられる．

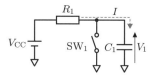

図 6.35 過渡現象評価回路

$$V_1 = V_{CC}(1 - e^{-t/\tau}) \tag{6.8}$$

ここで，τ は時定数であり，次式のとおりである．

$$\tau = C_1 R_1 \text{ [s]}$$

図 6.36 は，式(6.8)をグラフにした過度特性である．つぎの時間 t と V_1 の関係は設計でよく用いられる．

$t = 0.7\tau$ のとき，$V_1 = \dfrac{1}{2} V_{CC}$

$t = \tau$ のとき，$V_1 \fallingdotseq \dfrac{2}{3} V_{CC}$

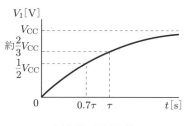

図 6.36 過渡特性

■ 問題

6.4-1【基本事項】 つぎの問いに答えなさい．

(1) コンパレータの回路記号と端子名を描きなさい．

(2) コンパレータに以下の入力が入ったときの出力状態を（HI/LO）より選びなさい．
非反転入力端子電圧 V_{IN+}，反転入力電圧 V_{IN-} とする．

$V_{IN+} > V_{IN-}$ のとき　出力状態：（　a　）

$V_{IN_+} < V_{IN_-}$ のとき　出力状態：(　b　)

(3) コンパレータとオペアンプの違いを（出力回路，負帰還，応答速度，用途）の観点より述べなさい．

6.4-2【比較器】 図 6.37 の回路において，LED の降下電圧 V_D は，電流が流れたとき 2V，流れないとき 0V とする．つぎの問いに答えなさい．

(1) 閾値電圧を求めなさい．
(2) V_1 を $0 \sim 5$ V まで変化させたときの出力電圧 V_{OUT} を図 6.37(b) に描きなさい．
(3) LED が点灯する V_1 の範囲を求めなさい．
(4) LED 点灯時，LED に流れる電流 I_1 を求めなさい．

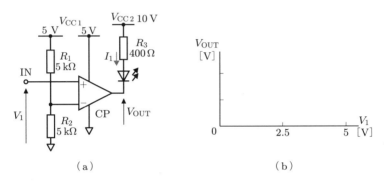

図 6.37

6.4-3【ウィンドコンパレータ】 図 6.38 のコンパレータの入力に V_1 の波形を入力した．出力電圧 V_{OUT} の波形を描きなさい．

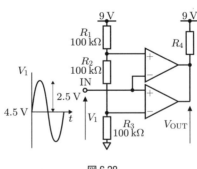

図 6.38

6.4-4【タイマー回路】 図 6.39(a) のタイマー回路の入力に 5V の短いパルス波 V_{IN} が加わった．つぎの問いに答えなさい．

(1) V_1，V_{OUT} の波形を図 6.39(b) に描きなさい．
(2) LED の点灯時間を求めなさい．

6.4 コンパレータ

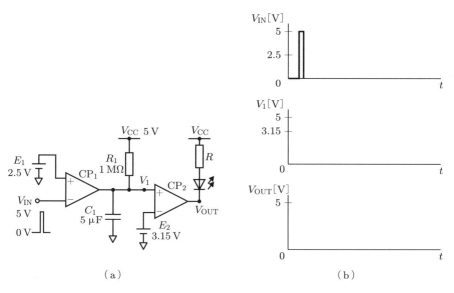

図 6.39

6.4-5【演習問題】つぎの問いに答えなさい．
(1) 25°C 以上で LED が点灯する回路を設計しなさい．点灯時，LED には I_1 = 10 mA を流し，電圧降下は V_D = 2 V とする．使用できる部品と個数は図 6.40 のとおりである．サーミスタの抵抗値は 0°C：30 kΩ，25°C：10 kΩ，50°C：4 kΩ と温度によって変化する．
(2) R_1 を求めなさい．

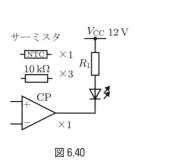

図 6.40

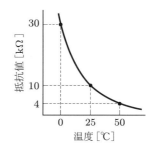

図 6.41 サーミスタ温度特性

第**7**章

フィルタ回路

　フィルタは，必要な帯域の信号を取り出したり，増幅器のノイズを減少させたりするために用いられる．低周波用のフィルタとして，抵抗とコンデンサを用いて構成される RC フィルタや，増幅回路にコンデンサを追加して構成されるフィルタがよく使われる．

　この章では，はじめに RC フィルタの基礎について説明する．つぎに，反転増幅回路や非反転増幅回路を用いたフィルタについて説明する．

7.1 RC フィルタ

ここでは，はじめに RC フィルタの種類とその特性について説明する．その後，フィルタのカットオフ周波数と減衰特性を導出する．

1 種類と回路

図 7.1 に代表的な三つのフィルタ回路とその振幅特性を示す．振幅特性は，入出力の振幅比 $|v_{\text{out}}/v_{\text{in}}|$ – 周波数のグラフであり，利得（ゲイン）G_{v} で表示される．

図 7.1 の回路は，抵抗とコンデンサを用いて構成されることから，**RC フィルタ**とよばれる．フィルタは，信号を通過させる周波数によって，図 7.1(a) のローパスフィルタ（LPF），図 7.1(b) のハイパスフィルタ（HPF），図 7.1(c) のバンドパスフィルタ（BPF）に分類される．

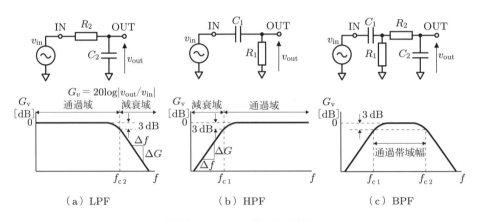

図 7.1 フィルタ回路と振幅特性

2 各フィルタの動作

▶ **ローパスフィルタ（LPF）** LPF は，低い周波数を通過させ，高い周波数を減衰させる．図 7.2(a) は周波数が低いときの LPF の等価回路である．C_2 のインピーダンス Z_{C_2} が R_2 に対して十分大きくなり，C_2 を無視して考えることができるため，信号

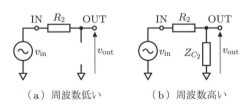

図 7.2 周波数に対する LPF の回路

はロスなく通過する．図7.2(b)は周波数が高いときの等価回路である．Z_{C_2}が小さくなり，出力電圧v_outはZ_{C_2}とR_2で分圧され，減衰量は周波数が高くなるほど増える．信号を取り出すことができる周波数範囲（本書では−3 dB以上）を**通過域**，また信号が減衰した周波数範囲（本書では3 dB未満）を**減衰域**という．

▶ **ハイパスフィルタ（HPF）** HPFは，低い周波数の信号を減衰させ，高い周波数の信号を通過させる．図7.3(b)は，周波数が高いときのHPFの等価回路である．C_1のインピーダンスZ_{C_1}がR_1と比較して十分小さくなり，ショートとしてみなすことができるため，信号は

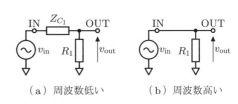

（a）周波数低い　　（b）周波数高い

図7.3　周波数に対するHPFの回路

ロスなく通過する．図7.3(a)は周波数が低いときの等価回路である．C_1のインピーダンスZ_{C_1}が大きくなり，v_outはZ_{C_1}とR_1で分圧され，周波数が低いほど減衰量は増える．

▶ **バンドパスフィルタ（BPF）** BPFは，特定の帯域の周波数のみを通過させる．図7.1(c)はBPF回路の一例であり，LPFとHPFを組み合わせて構成されている．LPFとHPFのそれぞれの減衰が加わり，BPF特性を示す．BPFのゲインが3 dB落ちる周波数区間を**通過帯域幅**（*BW*）という．

3 カットオフ周波数

信号が通過域より3 dB減衰する（$1/\sqrt{2}$倍になる）周波数を**カットオフ周波数**（**遮断周波数**）f_cとよぶ．LPFとHPFのカットオフ周波数は次式で与えられる．

$$\text{LPFのカットオフ周波数} \quad f_{c2} = \frac{1}{2\pi C_2 R_2} \tag{7.1}$$

$$\text{HPFのカットオフ周波数} \quad f_{c1} = \frac{1}{2\pi C_1 R_1} \tag{7.2}$$

BPFのf_{c1}とf_{c2}は，式(7.1)，(7.2)と同じである．

4 減衰特性の傾き（減衰傾度）

▶ **LPFの場合** 図7.1(a)の減衰傾度は，周波数の変化Δfとゲインの変化ΔGの比によって次式で与えられる．

$$\frac{\Delta G}{\Delta f} = -6\,\text{dB/oct} = -20\,\text{dB/dec} \tag{7.3}$$

ここで，[oct]（オクターブ）は周波数2倍，[dec]（ディケード）は周波数10倍を

表す．式(7.3)は，周波数を2倍にすると信号レベルが6 dB 減衰，または周波数を10倍にすると20 dB 減衰することを表す．なお，[dB/oct]はデシベル・パー・オクターブと読む．

▶ HPF の場合　図7.1(b)の減衰傾度はつぎのとおりである．

$$\frac{\Delta G}{\Delta f} = 6 \text{ dB/oct} = 20 \text{ dB/dec} \tag{7.4}$$

式(7.4)は，周波数を1/2倍にすると信号レベルが6 dB 減衰することを，または周波数を1/10倍にすると20 dB 減衰することを表す．

5　オーディオシステムへの活用

図7.4 はオーディオシステムの構成図である．音源より出力された信号は，フィルタを通過した後，増幅器で増幅され，スピーカーより大きな音が出る．フィルタが LPF の場合は，低音がスピーカーより出る．HPF の場合は高音が，BPF の場合は特定の帯域の音が出る．

図7.4　オーディオシステム

6　LPF の振幅特性

図7.1(a)の LPF の振幅特性 $|v_{\text{out}}/v_{\text{in}}|$ の式とカットオフ周波数 f_c を導出しよう．ここで，v_{in} と v_{out} はフィルタに加わる入力電圧と出力電圧である．

まず，C_2 のインピーダンス Z_{C_2} と，v_{out} はつぎのように表せる．

$$Z_{C_2} = \frac{1}{j\omega C_2} \tag{7.5}$$

$$v_{\text{out}} = \frac{Z_{C_2}}{Z_{C_2} + R_2} v_{\text{in}} \tag{7.6}$$

式(7.5)を式(7.6)に代入後，式を変形すると次式となる．

$$\frac{v_{\text{out}}}{v_{\text{in}}} = \frac{1}{1 + j\omega C_2 R_2} \tag{7.7}$$

振幅特性は式(7.7)の絶対値（大きさ）であり，次式となる．

$$\left|\frac{v_{\text{out}}}{v_{\text{in}}}\right| = \left|\frac{1}{1 + j\omega C_2 R_2}\right| = \frac{1}{\sqrt{1 + (\omega C_2 R_2)^2}} = \frac{1}{\sqrt{1 + (2\pi f C_2 R_2)^2}} \tag{7.8}$$

式(7.8)にカットオフ周波数 f_c の条件を当てはめると，

$$\left|\frac{v_{\text{out}}}{v_{\text{in}}}\right| = \frac{1}{\sqrt{1 + (2\pi f_c C_2 R_2)^2}} = \frac{1}{\sqrt{2}}$$

となり，f_c は次式となる．

$$f_c = \frac{1}{2\pi C_2 R_2} \tag{7.9}$$

式(7.9)を式(7.8)に代入すると次式となる．

$$\left|\frac{v_{\text{out}}}{v_{\text{in}}}\right| = \frac{1}{\sqrt{1+(f/f_c)^2}} \tag{7.10}$$

式(7.10)はLPFの振幅特性である．表7.1に各周波数領域における値と利得をまとめる．$|v_{\text{out}}/v_{\text{in}}|$ は，周波数 f が f_c より十分低いとき（$f \ll f_c$）0 dB，$f = f_c$ のとき -3 dB，周波数 f が f_c より十分高いとき（$f \gg f_c$）-6 dB/oct（-20 dB/dec）の減衰傾度となる．

表7.1 周波数領域における振幅特性

周波数	$\left|\dfrac{v_{\text{out}}}{v_{\text{in}}}\right|$	G_v [dB]
$f \ll f_c$	1	0
$f = f_c$	$\dfrac{1}{\sqrt{2}}$	-3
$f \gg f_c$	$\dfrac{f_c}{f}$	$20\log\dfrac{f_c}{f}$

例題 7.1 図7.1(a)のLPFの回路において $R_2 = 100\text{ k}\Omega$，$C_2 = 0.016\text{ μF}$ のとき，振幅特性を片対数グラフに描きなさい．

答え 図7.5に示す．振幅特性はつぎの手順で作成できる．

① 通過領域のゲイン $G_v = 0$ dB の線を引く．
② 式(7.1)を用いて計算すると $f_{c2} = 100$ Hz となるので，(100 Hz, -3 dB) の箇所にプロットする．
③ (100 Hz, 0 dB) の箇所から -20 dB/dec（-6 dB/oct）の線を引く．
④ ①通過特性，②f_{c2}のゲイン，③減衰特性を結ぶ．

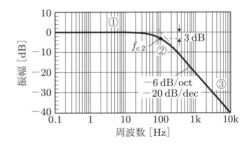

図7.5

7 HPFの振幅特性

図7.1(b)のHPFの振幅特性 $|v_{\text{out}}/v_{\text{in}}|$ の式とカットオフ周波数 f_c を導出しよう．まず，C_1 のインピーダンス Z_{C_1} と，v_{out} はつぎのように表せる．

$$Z_{C_1} = \frac{1}{j\omega C_1} \tag{7.11}$$

$$v_{\text{out}} = \frac{R_1}{Z_{C_1} + R_1} v_{\text{in}} \tag{7.12}$$

式(7.11)を式(7.12)に代入すると次式となる．

$$\frac{v_{\text{out}}}{v_{\text{in}}} = \frac{1}{1+[1/(j\omega C_1 R_1)]} = \frac{1}{1-j[1/(\omega C_1 R_1)]} \tag{7.13}$$

振幅特性は次式となる．

$$\left|\frac{v_{\text{out}}}{v_{\text{in}}}\right| = \frac{1}{|1-j[1/(\omega C_1 R_1)]|} = \frac{1}{\sqrt{1+[1/(\omega C_1 R_1)]^2}}$$

$$= \frac{1}{\sqrt{1+[1/(2\pi f C_1 R_1)]^2}} \tag{7.14}$$

式(7.14)にカットオフ周波数 f_c の条件を当てはめると，

$$\left|\frac{v_{\text{out}}}{v_{\text{in}}}\right| = \frac{1}{\sqrt{1+[1/(2\pi f_c C_1 R_1)]^2}} = \frac{1}{\sqrt{2}}$$

となり，f_c は次式となる．

$$f_c = \frac{1}{2\pi C_1 R_1} \tag{7.15}$$

式(7.15)を式(7.14)へ代入すると次式となる．

$$\left|\frac{v_{\text{out}}}{v_{\text{in}}}\right| = \frac{1}{\sqrt{1+(f_c/f)^2}} \tag{7.16}$$

式(7.16)は HPF の振幅特性である．表 7.2 に各周波数領域における値と利得をまとめる．

表 7.2 周波数領域における振幅特性

周波数	$\left\lvert\dfrac{v_{\text{out}}}{v_{\text{in}}}\right\rvert$	G_v [dB]
$f \ll f_c$	$\dfrac{f}{f_c}$	$20\log\dfrac{f}{f_c}$
$f = f_c$	$\dfrac{1}{\sqrt{2}}$	-3
$f \gg f_c$	1	0

例題 7.2 図 7.1(b) の HPF の回路において $R_2 = 10\,\text{k}\Omega$，$C_2 = 16\,\mu\text{F}$ のとき，振幅特性を片対数グラフに描きなさい．

答え 図 7.6 に示す．振幅特性はつぎの手順で作成できる．

① 通過域のゲイン $G_v = 0\,\text{dB}$ より，0 dB の線を引く．
② 式(7.2)を用いて計算すると $f_{c1} = 1\,\text{Hz}$ となるので（1 Hz，$-3\,\text{dB}$）の箇所にプロットする．
③ （1 Hz，0 dB）の箇所から 20 dB/dec（6 dB/oct）の線を引く．
④ ①通過特性，②f_{c1} のゲイン，③減衰特性を結ぶ．

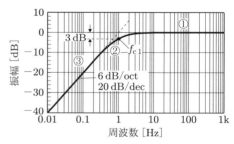

図 7.6

■ 問題

7.1-1【フィルタの種類】 図 7.7 のオーディオシステムのスピーカーより出力される音をつぎのようにしたい.

　　A：スピーカーより高い音のみを出す.
　　B：スピーカーより低い音のみを出す.
　　C：スピーカーより特定の帯域の音を出す.

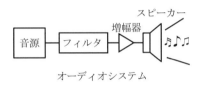

図 7.7

つぎの問いに答えなさい.
(1) A 〜 C に対して適用するフィルタの名称を答えなさい.
(2) A 〜 C に対して適用するフィルタの振幅特性を図 7.8(a) 〜 (c) より選びなさい.
(3) A 〜 C に対するフィルタ回路を図 7.8(d) 〜 (f) より選びなさい.
(4) 図 7.8(a) 〜 (c) のカットオフ周波数 f_{c1} と f_{c2} を C と R を用いて答えなさい.
(5) 図 7.8(a) 〜 (c) の減衰特性の傾きを答えなさい.
(6) 図 7.8(c) の通過帯域幅 BW を答えなさい.

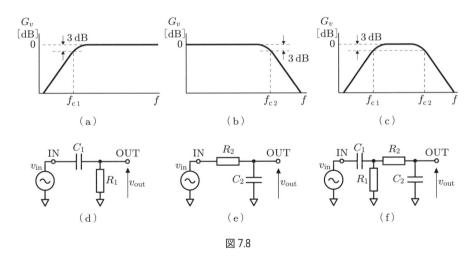

図 7.8

7.1-2【LPF の振幅特性】 問題 7.1-1 の図 7.8(e) の LPF 回路においてつぎの問いに答えなさい.
(1) 振幅特性の式を導出しなさい.
(2) カットオフ周波数を導出しなさい.
(3) $R_2 = 100\,\mathrm{k\Omega}$, $C_2 = 0.016\,\mathrm{\mu F}$ のとき,振幅特性を図 7.9 の片対数グラフに描きなさい.

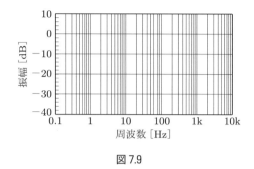

図 7.9

7.1-3【HPF の振幅特性】 問題 7.1-1 の図 7.8(d) の HPF 回路においてつぎの問いに答えなさい．
(1) 振幅特性の式を導出しなさい．
(2) カットオフ周波数を導出しなさい．
(3) $R_1 = 10\ \text{k}\Omega$, $C_1 = 16\ \mu\text{F}$ のとき，振幅特性を図 7.10 の片対数グラフに描きなさい．

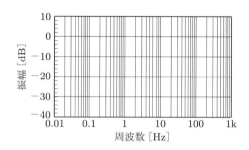

図 7.10

7.2 オペアンプを用いたフィルタ

　増幅回路には，出力ノイズを低減するためにフィルタが取り付けられている．ここでは，反転増幅回路と非反転増幅回路を用いたフィルタ回路について説明する．

1 ノイズ低減のためのフィルタ

　増幅器より出力されるノイズは，音源の信号と混ざって音質をわるくしたり，システムに誤動作を与えることがあるため，できるかぎり小さいことが望ましい．増幅器の出力ノイズの原因には，内部雑音と外部雑音がある．

▶ **内部雑音**　　内部雑音の一つにホワイトノイズ（白色雑音）がある．これは，抵抗や半導体が雑音源であり，広帯域の周波数成分のノイズを含んでいる．増幅器出力のホワイトノイズの電圧 e は，次式で与えられる．

$$e = A\sqrt{BW}$$

ここで，A は素子の雑音係数や増幅器の増幅度，温度のパラメータをまとめた値であり，BW は増幅器のもつ BPF の通過帯域幅である．

　ホワイトノイズの電圧は，通過帯域幅を狭くすることで小さくなる．

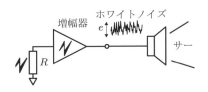

図 7.11　内部雑音

▶ **外部雑音**　　図 7.12(a) は，外部より微小ノイズ①がセンサシステムに入り込んだ図である．②のノイズは，入り込んだノイズが増幅器で増幅されたものであり，このノイズがシステムの誤動作の原因となる．そこで，増幅器に BPF 特性をもたせてノイズを減衰させる．③は，BPF によって減衰させたノイズである．図 7.12(b) に BPF の振幅特性と，フィルタの入出力のノイズを示す．BPF の帯域外に入り込んだノイズは減衰する．

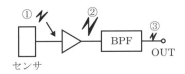

（a）センサシステム

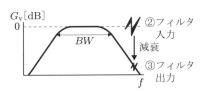

（b）BPF の振幅特性

図 7.12　外部雑音

2 反転増幅回路を用いた LPF

▶ **理想オペアンプの周波数特性**　図 7.13(a) に示す理想オペアンプを用いた反転増幅器の振幅特性は，図 7.13(b) のようになる．反転増幅回路の利得は，周波数に関係なく一定である．

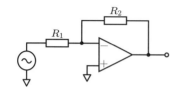
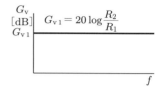

(a) 理想オペアンプを用いた反転増幅回路　　(b) 振幅特性

図 7.13　理想オペアンプを用いた反転増幅回路

▶ **LPF の動作と特徴**　図 7.14(a) は，負帰還抵抗 R_2 にコンデンサ C_2 を並列接続してLPFの特性をもたせた回路である．その振幅特性は図 7.14(b) のようになる．信号源の周波数が低い場合，C_2 のインピーダンスは大きくなるため，図 7.13(a) と同等とみなすことができ，その利得は周波数に対して一定である．周波数が高くなり，C_2 のインピーダンス Z_{C_2} が R_2 より十分小さくなると，C_2 と R_2 の合成インピーダンス Z_2 はほぼ Z_{C_2} となる．このとき，振幅特性 $|A_v|$ は次式で与えられ，高い周波数では $-6\,\mathrm{dB/oct}$（$-20\,\mathrm{dB/dec}$）で減衰する．

$$|A_v| = \left|\frac{Z_2}{R_1}\right| \fallingdotseq \left|\frac{Z_{C_2}}{R_1}\right| = \frac{1}{2\pi f C_2 R_1} \tag{7.17}$$

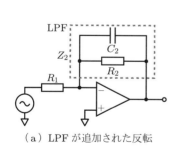
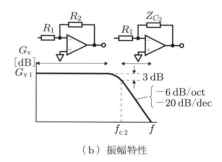

(a) LPF が追加された反転　　(b) 振幅特性

図 7.14　オペアンプを用いた LPF

3 反転増幅器を用いた HPF

▶ **HPF 部の回路構成**　図 7.15(a) は，抵抗 R_1 にコンデンサ C_1 を直列接続して，HPF の特性を追加した回路である．

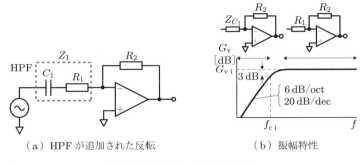

(a) HPF が追加された反転　　　　(b) 振幅特性

図 7.15　オペアンプを用いた HPF

図 7.15(b) にその周波数特性を示す.

▶ **HPF の動作と特徴**　信号源の周波数が高い場合, C_1 のインピーダンスが小さく, 図 7.13(a) の回路図と同等とみなすことができる. その利得は, 周波数に対して一定である. 周波数が低くなり, C_1 のインピーダンス Z_{C_1} が R_1 より十分大きくなると, C_1 と R_1 の合成インピーダンス Z_1 はほぼ Z_{C_1} となる. このとき, 振幅特性 $|A_v|$ は次式で表され, 低い周波数では 6 dB/oct (20 dB/dec) で減衰する.

$$|A_v| = \left|\frac{R_2}{Z_1}\right| \fallingdotseq \left|\frac{R_2}{Z_{C_1}}\right| = 2\pi f C_1 R_2 \tag{7.18}$$

4　反転増幅器を用いた BPF

図 7.16(a) は, 反転増幅回路に LPF と HPF を追加し, BPF が構成された回路である. その振幅特性は図 7.16(b) のようになる. 周波数が低いとき HPF の減衰特性が, 周波数が高いとき LPF の減衰特性が表れ, BPF の特性を示す. カットオフ周波数と減衰傾度は LPF や HPF と同じである.

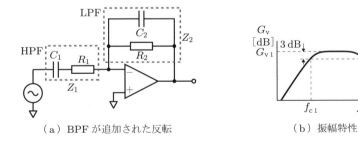

(a) BPF が追加された反転　　　　(b) 振幅特性

図 7.16　オペアンプを用いた BPF

5 反転増幅器を用いた LPF の振幅特性

図 7.14(a) における LPF の振幅特性の式を導出しよう.

まず，増幅度 A_v と，R_2 と C_2 の合成インピーダンス Z_2 はつぎのように表せる.

$$A_v = -\frac{Z_2}{R_1} \tag{7.19}$$

$$Z_2 = R_2 /\!/ Z_{C_2} = \frac{R_2}{j\omega C_2 R_2 + 1} \tag{7.20}$$

式 (7.20) を式 (7.19) へ代入すると次式となる.

$$A_v = -\frac{R_2}{R_1} \frac{1}{1 + j\omega C_2 R_2} \tag{7.21}$$

振幅特性は次式となる.

$$|A_v| = \frac{R_2}{R_1} \frac{1}{\sqrt{1 + (\omega C_2 R_2)^2}} = \frac{R_2}{R_1} \times \text{LPF 特性} \tag{7.22}$$

式 (7.22) は，式 (7.8) の LPF の振幅特性を R_2/R_1 倍したものである. したがって，その利得は，図 7.1(a) の LPF の利得特性（利得表示の振幅特性）に反転増幅器の利得を加えた次式で表される.

$$G_v = 20 \log \frac{R_2}{R_1} + \text{LPF の利得特性} \tag{7.23}$$

また，カットオフ周波数 f_{c2} は式 (7.1) と同じ次式で与えられる.

$$f_{c2} = \frac{1}{2\pi C_2 R_2} \tag{7.24}$$

例題 7.3 図 7.14(a) の回路において $R_2 = 100\,\text{k}\Omega$，$R_1 = 10\,\text{k}\Omega$，$C_2 = 0.016\,\mu\text{F}$ のとき，振幅特性を片対数グラフに描きなさい.

答え 図 7.17 に示す. 振幅特性はつぎの手順で作成できる.

① $G_v = 20 \log(R_2/R_1) = 20\,\text{dB}$ より，通過域のゲイン $G_v = 20\,\text{dB}$ の線を引く.

② 式 (7.24) より $f_{c2} = 100\,\text{Hz}$. 周波数 100 Hz で通過域のゲインより 3 dB 減衰した箇所にプロットする.

③ ゲイン 20 dB，100 Hz の箇所

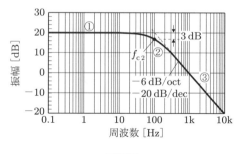

図 7.17

より，$-20\,\mathrm{dB/dec}$（$-6\,\mathrm{dB/oct}$）の線を引く．

④　①通過特性，②f_{c2}のゲイン，③減衰特性を結ぶ．

6 反転増幅器を用いた HPF の振幅特性

図 7.15(a) における HPF の振幅特性の式を導出しよう．

まず，増幅度 A_v と，R_1 と C_1 の合成インピーダンス Z_1 はつぎのように表せる．

$$A_\mathrm{v} = -\frac{R_2}{Z_1} \tag{7.25}$$

$$Z_1 = R_1 + Z_{C_1} = R_1 - j\frac{1}{\omega C_1} \tag{7.26}$$

式(7.26)を式(7.25)へ代入すると次式となる．

$$A_\mathrm{v} = -\frac{R_2}{R_1 - j[1/(\omega C_1)]} = -\frac{R_2}{R_1}\frac{1}{1 - j[1/(\omega C_1 R_1)]} \tag{7.27}$$

振幅特性は次式となる．

$$|A_\mathrm{v}| = \frac{R_2}{R_1}\frac{1}{\sqrt{1 + [1/(\omega C_1 R_1)]^2}} = \frac{R_2}{R_1} \times \mathrm{HPF}\,特性 \tag{7.28}$$

式(7.28)は，式(7.14)の HPF の振幅特性を R_2/R_1 倍したものである．したがって，その利得は，図 7.1(b) の HPF の利得特性に反転増幅器の利得を加えた次式で表される．

$$G_\mathrm{v} = 20\log\frac{R_2}{R_1} + \mathrm{HPF}\,の利得特性 \tag{7.29}$$

また，カットオフ周波数 f_{c1} は式(7.2)と同じ次式で与えられる．

$$f_{c1} = \frac{1}{2\pi C_1 R_1} \tag{7.30}$$

例題 7.4　図 7.15(a) の回路において $R_2 = 100\,\mathrm{k\Omega}$，$R_1 = 10\,\mathrm{k\Omega}$，$C_1 = 16\,\mathrm{\mu F}$ のとき，振幅特性を片対数グラフに描きなさい．

答え　図 7.18 に示す．振幅特性は以下の手順で作成できる．

①　$20\log(R_2/R_1) = 20\,\mathrm{dB}$ より，通過域のゲイン $G_\mathrm{v} = 20\,\mathrm{dB}$ の線を引く．

②　式(7.30)より $f_{c1} = 1\,\mathrm{Hz}$．周波数 $1\,\mathrm{Hz}$ で，通過域のゲインより $3\,\mathrm{dB}$ 減衰した箇所にプロットする．

③　ゲイン $20\,\mathrm{dB}$，$1\,\mathrm{Hz}$ の箇所より

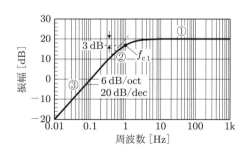

図 7.18

20 dB/dec（6 dB/oct）の線を引く．
④ ①通過特性，②f_{c2}のゲイン，③減衰特性を結ぶ．

例題 7.5 図 7.16(a)の回路において $R_2 = 100$ kΩ，$R_1 = 10$ kΩ，$C_1 = 16$ μF，$C_2 = 0.016$ μF のとき，振幅特性を片対数グラフに描きなさい．

答え 図 7.19 に示す．通過域のゲインに，HPF と LPF の減衰特性を加える．

通過領域のゲイン $G_v = 20 \log \left| \dfrac{R_2}{R_1} \right|$
$ = 20$ dB

HPF のカットオフ周波数
　　$f_{c1} = 1$ Hz

LPF のカットオフ周波数
　　$f_{c2} = 100$ Hz

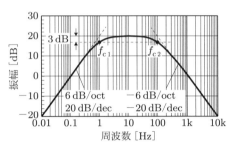

図 7.19

7 非反転増幅回路を用いた BPF

▶ **回路構成**　図 7.20 は，非反転増幅回路にコンデンサを接続して HPF と LPF の特性を加え，BPF の特性をもたせた回路である．R_1，C_1 で HPF，R_2，C_2 で LPF が構成されている．

▶ **振幅特性**　図 7.21 は図 7.20 の振幅特性である．

〈通過域〉　図 7.21③の通過域のとき，図 7.20 の回路は図 7.22(a)として動作する．ゲイン G_v はつぎのとおりである．

$$G_v = 20 \log \left(\dfrac{R_2}{R_1} + 1 \right)$$

〈減衰域〉　図 7.21 の④ LPF の減衰域と② HPF の減衰域では，図 7.20 の回路は図 7.22(b)，(c)として動作する．

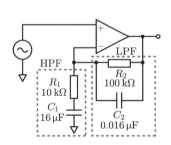

図 7.20　フィルタ特性をもたせた非反転増幅回路

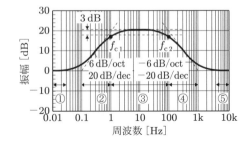

図 7.21　振幅特性

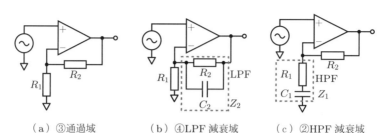

（a）③通過域　　　（b）④LPF減衰域　　（c）②HPF減衰域

図 7.22　各領域における等価回路

次式は，増幅度 A_v が高いときの減衰域における A_v の近似値である．

④　LPF 減衰域：$A_\mathrm{v} = \dfrac{Z_2}{R_1} + 1 \fallingdotseq \dfrac{Z_2}{R_1}$ 　　　　　　　　　　　　　　　(7.31)

②　HPF 減衰域：$A_\mathrm{v} = \dfrac{R_2}{Z_1} + 1 \fallingdotseq \dfrac{R_2}{Z_1}$ 　　　　　　　　　　　　　　　(7.32)

式 (7.31)，(7.32) の近似された式は，反転増幅回路の増幅度，式 (7.19) と式 (7.25) の符号を反転したものであり，その振幅特性は，反転増幅回路の LPF 振幅特性の式 (7.22) と，HPF 振幅特性の式 (7.28) と同じである．そのためカットオフ周波数と減衰傾度は，以下のように反転増幅回路と同様に考えることができる．

LPF カットオフ周波数 $f_\mathrm{c2} = \dfrac{1}{2\pi C_2 R_2}$, 　　減衰傾度 $-6\,\mathrm{dB/oct}$（$-20\,\mathrm{dB/dec}$）

HPF カットオフ周波数 $f_\mathrm{c1} = \dfrac{1}{2\pi C_1 R_1}$, 　　減衰傾度 $6\,\mathrm{dB/oct}$（$20\,\mathrm{dB/dec}$）

〈低域と高域の振幅特性〉　図 7.21 の周波数が非常に低いとき（①低域）と周波数が非常に高いとき（⑤高域）の振幅特性について述べる．図 7.23(a) は，①低域時の等価回路である．コンデンサは，オープンに置き換えられる．図 7.23(b) は，⑤高域時の等価回路である．コンデンサは，ショートに置き換えられる．どちらの回路もボルテージフォロアとして動作するため，ゲインは 0 dB になる．

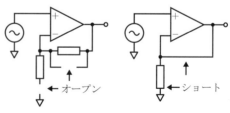

（a）低域の等価回路　　（b）高域の等価回路

図 7.23　低域と高域の等価回路

■ 問題

7.2-1【ノイズ低減】 増幅器にフィルタを入れる理由を内部雑音と外部雑音の観点より述べなさい．

7.2-2【理想オペアンプの周波数特性】 図 7.24 の反転増幅回路の振幅数特性のグラフを図 7.25 に描きなさい．オペアンプは理想オペアンプとする．

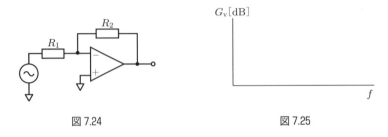

図 7.24　　　　　図 7.25

7.2-3【反転増幅器を用いた LPF】 図 7.26 の回路においてつぎの問いに答えなさい。
(1) 低周波信号に対する回路を描きなさい．
(2) 高周波信号に対する回路を描きなさい．
(3) 振幅特性を図 7.25 のグラフに描きなさい．

7.2-4【反転増幅器を用いた HPF】 図 7.27 の回路においてつぎの問いに答えなさい．
(1) 低周波信号に対する回路を描きなさい．
(2) 高周波信号に対する回路を描きなさい．
(3) 振幅特性を図 7.25 のグラフに描きなさい．

7.2-5【反転増幅器を用いた BPF】 図 7.28 の回路の振幅特性を図 7.25 のグラフに描きなさい．

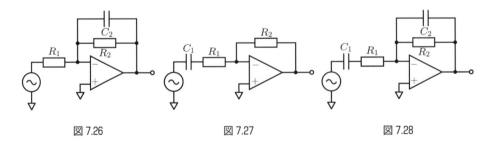

図 7.26　　　　　図 7.27　　　　　図 7.28

7.2-6【LPF の振幅特性】 つぎの問いに答えなさい．
(1) 図 7.26 の回路の振幅特性 $|A_v|$ の式を導出しなさい．
(2) 図 7.26 の回路において $R_1 = 10\,\text{k}\Omega$, $R_2 = 100\,\text{k}\Omega$, $C_2 = 0.016\,\mu\text{F}$ のとき，振幅特性を図 7.29 の片対数グラフに描きなさい．

7.2 オペアンプを用いたフィルタ   159

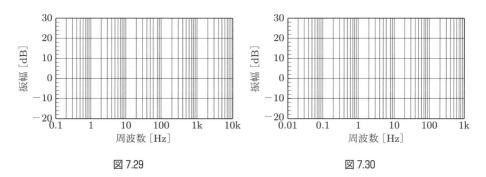

図 7.29   図 7.30

7.2-7【HPF の振幅特性】つぎの問いに答えなさい．
(1) 図 7.27 の回路の振幅特性 $|A_v|$ の式を導出しなさい．
(2) 図 7.27 の回路において $R_1 = 10\ \mathrm{k\Omega}$, $R_2 = 100\ \mathrm{k\Omega}$, $C_1 = 16\ \mathrm{\mu F}$ のとき，振幅特性を図 7.30 の片対数グラフに描きなさい．

7.2-8【BPF 特性】図 7.28 の回路において $R_1 = 10\ \mathrm{k\Omega}$, $R_2 = 100\ \mathrm{k\Omega}$, $C_1 = 16\ \mathrm{\mu F}$, $C_2 = 0.016\ \mathrm{\mu F}$ のとき，振幅特性を図 7.31 の片対数グラフに描きなさい．

7.2-9【非反転増幅回路を用いた BPF】図 7.32(a) の回路において $R_1 = 10\ \mathrm{k\Omega}$, $R_2 = 100\ \mathrm{k\Omega}$, $C_1 = 16\ \mathrm{\mu F}$, $C_2 = 0.016\ \mathrm{\mu F}$ のとき，振幅特性を図 7.32(b) の片対数グラフに描きなさい．

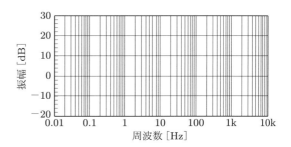

図 7.31

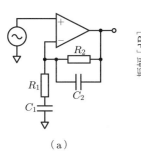
(a)

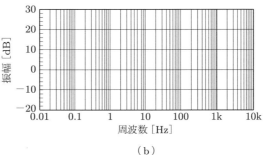
(b)

図 7.32

第 **8** 章

エミッタフォロア

　回路の出力に負荷を接続したとき，負荷の影響により
出力電圧が下がることや，回路の特性が変わることがあ
る．このような問題を解決するために，回路の出力と負
荷の間にバッファが挿入される．エミッタフォロアは，
一つのトランジスタで簡単に構成できるバッファとして
よく用いられる．また，エミッタフォロアは，本書でも
第 9 章で説明する定電圧回路や第 10 章で説明する電
力増幅回路で用いる．
　この章では，エミッタフォロア回路の特徴を説明し，
その解析を行う．

8.1 エミッタフォロアの入力インピーダンス

ここでは，はじめにエミッタフォロアの特性や動作について説明する．その後，エミッタフォロアの入力インピーダンスについて説明する．

1 回路の動作と特徴

▶ **回路構成** 図 8.1 のように，トランジスタのエミッタ部に抵抗が接続され，ベースより入力された信号 v_{in} をエミッタより取り出す回路をエミッタフォロアという．図中の E_{IN} はバイアス電圧である．

▶ **入出力電圧** 出力電圧 V_{OUT} は，ベース電圧 V_B より V_{BE}（0.7 V）だけ低くなる．そのため V_{OUT} の直流成分 V_{OUT}' は E_{IN} より V_{BE} だけ下がり，交流成分の出力信号 v_{out} は入力信号 v_{in} がそのまま出力される．以下に V_{OUT}' と v_{in} の式を示す．

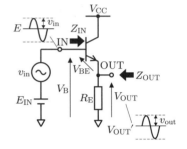

図 8.1 エミッタフォロア

$$V_{OUT}' = E_{IN} - V_{BE} \tag{8.1}$$
$$v_{out} = v_{in} \tag{8.2}$$

エミッタフォロアの信号に対する電圧増幅度 A_v は，式 (8.2) より 1 倍である．

▶ **特徴と用途** 図 8.1 のエミッタフォロア回路は，入力インピーダンス Z_{IN} が高く，出力インピーダンス Z_{OUT} が低いため，バッファとして用いられる（図 5.18(b) 参照）．

2 エミッタフォロアの直流解析

▶ **直流に対する等価回路** 図 8.2(a) は，エミッタフォロアの入力に直流電圧 E が加わった回路である．この回路の入力（ベース）よりみた等価回路を図 8.2(b) に示す．ベース・エミッタ間はダイオード D_1，エミッタ抵抗 R_E は $R_E' = h_{FE}R_E$ に置き換えられる．ベースよりみた R_E の値は h_{FE} 倍

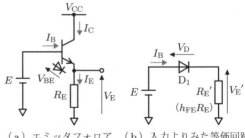

(a) エミッタフォロア　(b) 入力よりみた等価回路

図 8.2 エミッタフォロアの直流解析

となるため，エミッタフォロアの入力インピーダンスは高い．

▶ **入力よりみたときのエミッタ抵抗 R_E' の導出**　図 8.2(a) より次式が成り立つ．

$$E = V_{BE} + V_E = V_{BE} + R_E I_E \fallingdotseq V_{BE} + R_E I_C = V_{BE} + R_E h_{FE} I_B \tag{8.3}$$

また，図 8.2(b) より次式が成り立つ．

$$E = V_D + V_E' = V_D + I_B R_E' \tag{8.4}$$

図 8.2(a) と図 8.2(b) は等価回路より，「式(8.3) = 式(8.4)」である．また，$V_D = V_{BE}$ とすると次式が成り立つ．

$$R_E' = h_{FE} R_E \tag{8.5}$$

3 エミッタフォロアの交流解析

▶ **交流に対する等価回路**　図 8.3(a) は，エミッタフォロアの入力に信号源 v_{in} と直流源 E を加えた回路である．この回路の信号に対する入力よりみた等価回路を図 8.3(b) に示す．R_1 はベース・エミッタ間の入力抵抗 h_{ie} である．R_2 はベースよりみた R_E である．

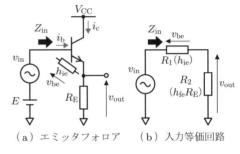

(a) エミッタフォロア　　(b) 入力等価回路

図 8.3　エミッタフォロアの交流解析

▶ **入力インピーダンス Z_{in} の導出**　図 8.3(a) の入力インピーダンス Z_{in} を導出しよう．信号源 v_{in} に対して次式が成り立つ．

$$v_{in} = v_{be} + v_{out} = h_{ie} i_b + (i_b + i_c) R_E \fallingdotseq h_{ie} i_b + h_{fe} i_b R_E = i_b(h_{ie} + h_{fe} R_E) \tag{8.6}$$

式(8.6) により Z_{in} はつぎのように求められる．

$$Z_{in} = \frac{v_{in}}{i_b} = h_{ie} + h_{fe} R_E \tag{8.7}$$

図 8.3(b) の Z_{in} は次式で求められる．

$$Z_{in} = R_1 + R_2 \tag{8.8}$$

図 8.3(b) は図 8.3(a) の等価回路であり，R_1 と R_2 は，式(8.7) と式(8.8) より次式となる．

$$\left. \begin{array}{l} R_1 = h_{ie} \\ R_2 = h_{fe} R_E \end{array} \right\} \tag{8.9}$$

▶ **信号に対する電圧増幅度 A_v**　図 8.3(a) の A_v を求めよう．図 8.3(b) より出力電圧 v_{out} は次式で求められる．

$$v_{\text{out}} = \frac{R_2}{R_1+R_2} v_{\text{in}} = \frac{h_{\text{fe}}R_E}{h_{\text{ie}}+h_{\text{fe}}R_E} v_{\text{in}} \tag{8.10}$$

通常のエミッタフォロア回路ではつぎの条件が成り立つ.

$$h_{\text{fe}}R_E \gg h_{\text{ie}}$$

この条件を式(8.10)に代入すると,

$$v_{\text{out}} \fallingdotseq v_{\text{in}} \tag{8.11}$$

となり,式(8.11)よりつぎのようになる.

$$A_v = \frac{v_{\text{out}}}{v_{\text{in}}} \fallingdotseq 1 \tag{8.12}$$

4 バッファとしての使用例

図 8.4(a)は,トランジスタ増幅回路に負荷 R_L を接続した回路である.出力電圧 v_2 は,次式のように R_L の値が小さくなるに伴い小さくなる.

$$v_2 = -\frac{h_{\text{fe}}}{h_{\text{ie}}}(R_C /\!/ R_L) v_{\text{in}} \tag{8.13}$$

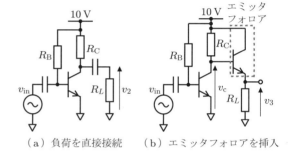

(a) 負荷を直接接続　(b) エミッタフォロアを挿入

図 8.4　トランジスタ増幅器に負荷を接続

図 8.4(b)は,トランジスタ増幅回路と負荷 R_L の間にエミッタフォロアをバッファとして挿入した回路である.エミッタフォロアの入力インピーダンスは R_C と比較して十分大きいとすると,初段増幅器のコレクタ電圧 v_c は,エミッタフォロアが接続されていないときの値とほぼ同じになる.そして,出力信号 v_3 は,次式のように v_c と同じとなり,負荷の値に影響されにくくなる.

$$v_3 = v_c \fallingdotseq -\frac{h_{\text{fe}}}{h_{\text{ie}}} R_C v_{\text{in}} \tag{8.14}$$

■ 問題

8.1-1【エミッタフォロアの直流解析】 図 8.5(b)は図 8.5(a)の電源よりベースをみたときの等価回路であり,$R_E{}'$ はベースよりみたエミッタ抵抗 R_E の値である.つぎの問いに答えなさい.トランジスタの特性は,ベース・エミッタ間電圧を V_{BE},電流増幅度を h_{FE} とする.

(1) 図 8.5(a)でベース電流 I_B が流れたときの電源電圧 E を求めなさい.

(2) 図 8.5(b) で I_B が流れたときの電源電圧 E を求めなさい．
(3) 図 8.5(b) の R_E' の値を求めなさい．ダイオード D の電圧降下 V_D はトランジスタの V_{BE} と同じとする．

8.1-2【演習問題】図 8.6 の各回路のトランジスタの特性は，$h_{FE} = 100$, $V_{BE} = 0.7$ V である．つぎの問いに答えなさい．
(1) 図 8.6(a) ～ (d) の回路の V_B と V_1 ～ V_4 を求めなさい．
(2) 図 8.6(e) のコレクタ電流が $I_C = 1$ mA となるように R_1 を求めなさい．

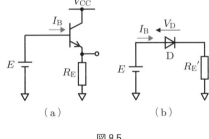

図 8.5

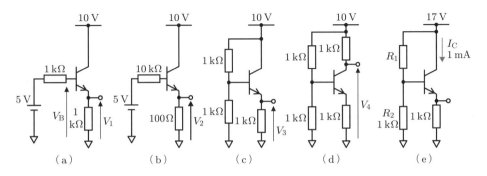

図 8.6

8.1-3【エミッタフォロアの交流解析】図 8.7(b) は，図 8.7(a) の電源よりベースをみたときの小信号に対する等価回路である．トランジスタの特性は，電流増幅度 h_{fe}, 入力インピーダンス h_{ie} とする．つぎの問いに答えなさい．
(1) 図 8.7(a) のベースからみた入力インピーダンス Z_{in} を求めなさい．
(2) 図 8.7(b) の R_1 と R_2 を求めなさい．
(3) 図 8.7(a) のエミッタの信号電圧 v_{out} を求めなさい．
(4) $h_{fe}R_E \gg h_{ie}$ のとき，電圧増幅度 A_v を求めなさい．

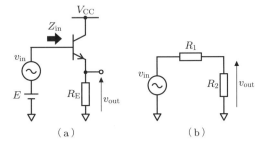

図 8.7

8.1-4【演習問題】図 8.8(a) のトランジスタの特性は，$h_{fe} = 100$, $h_{ie} = 1$ kΩ, $V_{BE} = 0.7$ V である．つぎの問いに答えなさい．
(1) 図 8.8(a) の R_1 が 1 kΩ のときの出力電圧 V_1 を求めなさい．

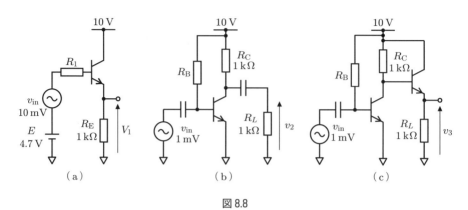

図 8.8

(2) 図 8.8(a) の R_1 が 99 kΩ のときの出力電圧 V_1 を求めなさい．
〈ヒント〉 直流電源と交流電源を分けて考える．

8.1-5【バッファとしての活用】 図 8.8(b)，(c) のトランジスタの特性は，$h_{fe} = 100$，$h_{ie} = 1$ kΩ である．図 8.8(b)，(c) の信号の出力電圧 v_2，v_3 を求めなさい．コンデンサのインピーダンスは十分小さいものとする．

8.2 エミッタフォロアの出力インピーダンス

ここでは，エミッタフォロア回路の小信号等価回路と，それを用いた出力インピーダンスの解析について説明する．

1 エミッタフォロアの等価回路

図 8.9(a) はエミッタフォロアの回路図であり，図 8.9(b) は図 8.9(a) のトランジスタを小信号等価回路に置き換えたものである．図 8.9(c) は，図 8.9(b) を変形してみやすくした回路であり，エミッタフォロアの小信号等価回路として用いられる．

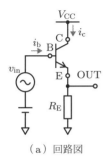

(a) 回路図

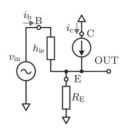

(b) トランジスタを等価回路に置き換え

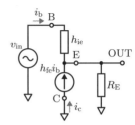

(c) エミッタフォロアの小信号等価回路

図 8.9 エミッタフォロア

2 出力インピーダンス Z_OUT

図 8.10(a) は，エミッタフォロア回路の Z_OUT を評価する回路であり，図 8.10(b) は，その小信号等価回路である．入力信号 v_in はショートされ，出力に信号 v_out が接続される．ベース電流 i_b' が流れ，それに伴いコレクタ電流 i_c' が流れる．i_b' と i_c' は，図 8.9(c) の i_b と i_c と向きが逆であり，それらの値はつぎのとおりである．

$$i_b' = \frac{v_\text{out}}{h_\text{ie}} \tag{8.15}$$

$$i_c' = h_\text{fe} i_b' = \frac{v_\text{out} h_\text{fe}}{h_\text{ie}} \tag{8.16}$$

式 (8.16) より図 8.10 の定電流源の入力インピーダ

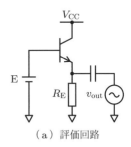

(a) 評価回路

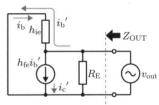

(b) 小信号等価回路

図 8.10 出力インピーダンスの評価

ンス R_1 を求めると，次式のように h_ie を h_fe で割った抵抗として表される．

$$R_1 = \frac{v_\mathrm{out}}{i_\mathrm{c}'} = \frac{h_\mathrm{ie}}{h_\mathrm{fe}} \qquad (8.17)$$

したがって，図 8.10 の電流源は，図 8.11(a)のように，抵抗 R_1 に置き換えることができ，出力インピーダンスは次式で求められる．

$$Z_\mathrm{OUT} = h_\mathrm{ie}//R_1//R_\mathrm{E} \qquad (8.18)$$

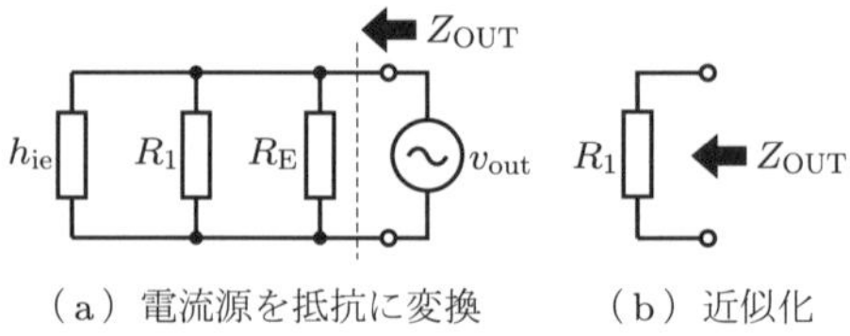

R_1 は式(8.17)より $R_1 \ll h_\mathrm{ie}$ であり，また通常のエミッタフォロア回路では $R_1 \ll R_\mathrm{E}$ の関係が成り立つ．これより，図 8.11(a)は図 8.11(b)に簡略される．したがって，Z_OUT は次式となり，たいへん小さいことがわかる．

$$Z_\mathrm{OUT} \fallingdotseq R_1 = \frac{h_\mathrm{ie}}{h_\mathrm{fe}} \qquad (8.19)$$

図 8.11　出力インピーダンスの等価回路
（a）電流源を抵抗に変換　（b）近似化

■ 問題

8.2-1【小信号等価回路】 図 8.12 の回路においてつぎの問いに答えなさい．
 (1) NPN トランジスタの小信号等価回路を描きなさい．
 (2) エミッタフォロアの小信号等価回路を描きなさい．

8.2-2【出力インピーダンス】 図 8.13 の回路においてつぎの問いに答えなさい．
 (1) i_b' を求めなさい．
 (2) i_c' を求めなさい．
 (3) 電流源の入力インピーダンス R_1 の値を求めなさい．
 (4) 出力インピーダンス Z_OUT を求めなさい．ただし，$R_1 \ll R_\mathrm{E}$ とする．

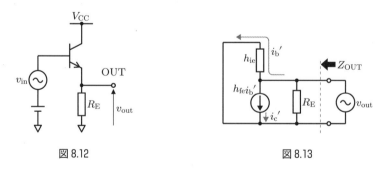

図 8.12　　　　　　　　　　図 8.13

8.2-3【演習問題】 図 8.14 の各エミッタフォロア回路の出力インピーダンス $Z_\mathrm{OUT1} \sim Z_\mathrm{OUT4}$ を求めなさい．トランジスタの特性は，電流増幅率 h_fe，入力インピーダンス h_ie とする．コンデンサのインピーダンスは，十分小さく無視できるものとする．

8.2 エミッタフォロアの出力インピーダンス

〈ヒント〉
(2) R_A, R_B, v_{in} の回路をテブナンの定理で変換する．
(3) R_g と h_{ie} を合成抵抗 R_1 にして考える．
(4) R_A, R_B, R_g, v_{in} の回路をテブナンの定理で変換する．

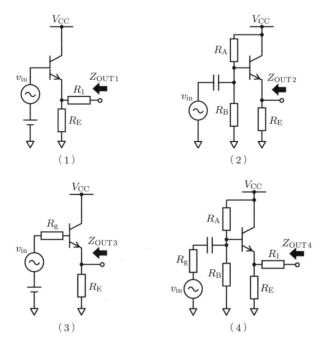

図 8.14

第**9**章

定電圧回路（実用編）

　多くの電子機器には定電圧回路が入っており，そこに
は IC 化された三端子レギュレータがよく使われている．
　この章では，実用的な定電圧回路と三端子レギュレー
タの特徴や内部構造について説明する．

9.1 実用的な定電圧回路と三端子レギュレータ

1.5節でツェナーダイオードを用いた簡単な定電圧回路を説明した．ここでは，トランジスタやオペアンプを用いてより多くの出力電流を取り出せる実用的な定電圧回路と市販されている定電圧IC（三端子レギュレータ）について説明する．

1 三端子レギュレータ

定電圧回路の出力電圧は，入力電圧，出力電流，温度の変動に対して一定であることが求められる．これらの要求を満たす定電圧回路が，汎用のIC（三端子レギュレータ）として市販されている．三端子レギュレータには，出力電流や出力電圧の異なるさまざまな品種がある．図9.1に実際の三端子レギュレータの写真を示す．出力電流の定格値によってサイズが異なる．

図9.2のU_1が三端子レギュレータの回路記号である．三つの端子は，IN：入力，OUT：出力，GND：グランドである．C_1とC_2は，バイパスコンデンサであり，ノイズ除去と発振防止のために取り付けられている．R_Lは負荷である．

出力電流　1 A　　500 mA　　100 mA

図9.1 実際の三端子レギュレータ

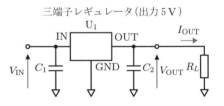

図9.2 三端子レギュレータの回路記号

▶ 動作

〈入力電圧の変動〉　図9.3は，三端子レギュレータ（出力5 V）の入出力電圧のグラフである．入力電圧V_{IN}に電圧変動が起こった場合や，ノイズが乗った場合でも，出力電圧V_{OUT}は変化せず一定（5 V）である．

〈負荷の変動〉　図9.2の負荷R_Lが変動して出力電流I_{OUT}が変化しても，I_{OUT}が定格値以内であれば，V_{OUT}は一定である．

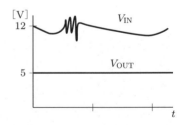

図9.3 三端子レギュレータの入出力

2 エミッタフォロアを用いた定電圧回路

図9.4は，エミッタフォロア出力を採用した定電圧回路である．ベース部に接続されたツェナーダイオードによって基準電圧 V_B がつくられる．出力電流はエミッタフォロア出力にすることで大幅に増える．

以下に動作を説明しよう．トランジスタ特性は，$h_{FE} = 100$，$V_{BE} = 0.7\,\mathrm{V}$ とする．

▶ **ベース電流 I_B - ベース電圧 V_B 特性**

図9.5は，図9.4の破線枠内の基準電圧回路の I_B - V_B 特性のグラフである．この基準電圧回路は図1.53と同じ回路であり，その動作も同じである．

▶ **出力電流 I_{OUT} - ベース電圧 V_B 特性**

I_{OUT} と I_B の関係はつぎのとおりである．

$$I_{OUT} = I_B + I_C \fallingdotseq h_{FE} I_B$$

したがって，I_{OUT} - V_B 特性は，図9.5の I_B - V_B 特性の I_B を h_{FE}（100）倍したものである．図9.6の灰色の線で I_{OUT} - V_B 特性を示す．

▶ **出力電流 I_{OUT} - 出力電圧 V_{OUT} 特性**

図9.6の黒線は I_{OUT} - V_{OUT} 特性である．V_B と V_{OUT} の関係はつぎのとおりである．

$$V_{OUT} = V_B - V_{BE} \tag{9.1}$$

I_{OUT} - V_{OUT} 特性は，図9.6の I_{OUT} - V_B 特性の V_B を $V_{BE}(0.7\,\mathrm{V})$ だけ引いたものである．

図9.6の定電圧回路の最大出力電流 I_{m2} は，基準電圧回路の最大出力電流（図9.5の I_{m1}）の h_{FE} 倍になる．

▶ **温度特性** 図9.4の出力電圧 V_{OUT} は，式(9.1)で示されるように V_{BE} の項が含まれる．そのため，V_{OUT} は温度により

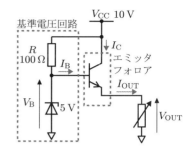

図9.4 エミッタフォロア出力の定電圧回路

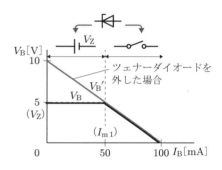

図9.5 ベース電流 - ベース電圧

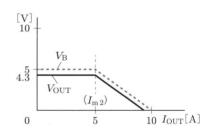

図9.6 出力電流 - 出力電圧

表9.1 温度に対する V_{BE} と V_{OUT} のまとめ

温度 [°C]	V_{BE} [V]	V_{OUT} [V]
25	0.7	4.3
−25	0.8	4.2

変化する．表9.1は，温度に対するV_{BE}とV_{OUT}の値をまとめたものである．V_{BE}は温度係数（約$-2\,\mathrm{mV/°C}$）をもつため，25°CでV_{BE}が0.7Vのとき，$-25°C$では0.8Vになる．それに伴い，V_{OUT}は4.3Vより4.2Vに下がる．

3 オペアンプを用いた定電圧回路

図9.7はオペアンプを用いた定電圧回路である．非反転入力端子に加わる電圧V_1は，ツェナー電圧V_Z（5V）である．オペアンプは非反転増幅回路として動作し，出力電圧は次式で与えられる．

$$V_{OUT} = \left(\frac{R_1}{R_2}+1\right)V_Z \qquad (9.2)$$

V_{OUT}は，抵抗比により希望する値を得ることができる．

図9.8は，出力電流I_{OUT} - 出力電圧V_{OUT}のグラフである．オペアンプの最大出力電流は10 mAとする．I_{OUT}がオペアンプの最大出力電流を超えると，V_{OUT}は急激に低下する．したがって，図9.7の定電圧回路の最大出力電流I_{m1}は10 mAである．

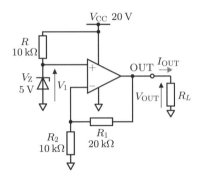

図9.7 オペアンプを用いた定電圧回路

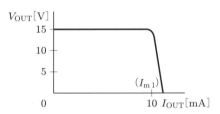

図9.8 出力電流I_{OUT} - 出力電圧V_{OUT}

4 出力電流が改善された定電圧回路

図9.9は，図9.7の回路の出力にエミッタフォロアを接続し，最大出力電流を増やした定電圧回路である．図9.10は，図9.9のI_{OUT} - V_{OUT}の特性である．図9.10の最大出力電流I_{m2}は，図9.8のI_{m1}をh_{FE}（100）倍した値になる．

以下に出力電圧V_{OUT}を導出する．分圧の公式より次式のように表せる．

$$V_2 = \left(\frac{R_2}{R_1+R_2}\right)V_{OUT} \qquad (9.3)$$

オペアンプは負帰還がかけられているため，バーチャルショートより次式となる．

$$V_2 = V_Z \qquad (9.4)$$

式(9.4)を式(9.3)に代入して式を変形すると，V_{OUT}は次式になる．

$$V_{OUT} = \left(\frac{R_1}{R_2}+1\right)V_Z \qquad (9.5)$$

9.1 実用的な定電圧回路と三端子レギュレータ　175

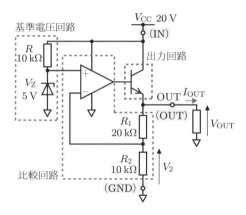

図 9.9　出力電流が改善された定電圧回路

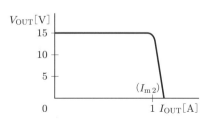

図 9.10　出力電流 I_{OUT} - 出力電圧 V_{OUT}

5　三端子レギュレータの内部構造

　図 9.9 の定電圧回路は，基準電圧回路，比較回路，出力回路より構成されており，三端子レギュレータと同じ構造をしている．比較回路は，基準電圧と出力電圧を比較して出力電圧を一定に保つはたらきがある．図の灰色でぬられているところは三端子レギュレータの端子箇所である．

■ 問題

9.1-1【三端子レギュレータ】 つぎの問いに答えなさい．

(1)（ ）の中に当てはまる言葉を下の枠の中から選びなさい．

　　定電圧回路は，市販で IC として販売されている．その IC 名は（　a　）という．
　　三端子レギュレータは，入力電圧，（　b　），（　c　）の変化に対して出力電圧は一定であり，（　d　）の定格値によってサイズが異なる．

> 温度　三端子レギュレータ　出力電流

(2) 図 9.11(a) の三端子レギュレータ（5 V）の入力に図 9.11(b) に描かれた電圧 V_{IN}

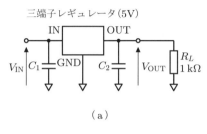

(a)

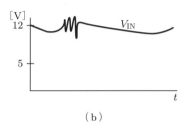

(b)

図 9.11

が加わった．出力電圧 V_{OUT} を図 9.11(b) のグラフに描き加えなさい．

(3) 図 9.11 の R_L を 1 kΩ から 100 Ω に変更した．その際の出力電圧 V_{OUT} を答えなさい．三端子レギュレータの出力電流の定格値は 100 mA とする．

(4) 図 9.11 の C_1 と C_2 の役割を答えなさい．

9.1-2【ツェナーダイオードの復習】つぎの問いに答えなさい．

(1) ツェナーダイオードの静特性を描きなさい．ツェナー電圧は 5 V とする．

(2) ツェナーダイオードと抵抗を用いて 5 V の定電圧回路を作りなさい．

9.1-3【最大出力電流 I_m の復習】図 9.12(a) の定電圧回路の I-V 特性のグラフを図 9.12(b) に描き，定電圧回路の最大出力電流 I_{m1} を求めなさい．

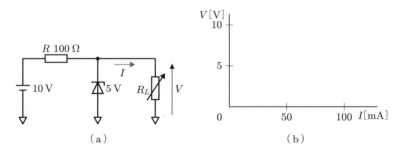

図 9.12

9.1-4【エミッタフォロアを用いた定電圧回路】図 9.13(a) の回路においてつぎの問いに答えなさい．トランジスタの特性は，$h_{FE} = 100$，$V_{BE} = 0.7$ V とする．

(1) I_B-V_B 特性のグラフを図 9.13(b) に描きなさい．

(2) I_{OUT}-V_B 特性と I_{OUT}-V_{OUT} 特性のグラフを図 9.13(c) に描き，最大出力電流 I_{m2} を求めなさい．

(3) 常温より -25°C になったときの出力電圧 V_{OUT} を求めなさい．

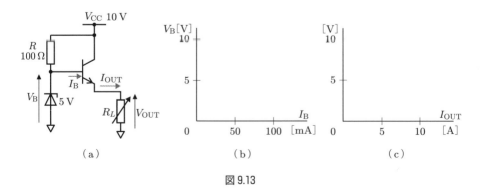

図 9.13

9.1-5【オペアンプを用いた定電圧回路】図 9.14(a) のオペアンプの最大出力電流は

9.1 実用的な定電圧回路と三端子レギュレータ 177

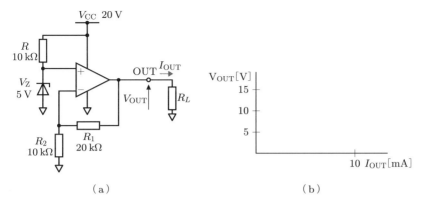

図 9.14

10 mA とする．I_{OUT} - V_{OUT} 特性のグラフを図 9.14(b) に描き，定電圧回路の最大出力電流 I_{m1} を求めなさい．

9.1-6【出力電流が改善された定電圧回路】 図 9.15(a) の回路においてつぎの問いに答えなさい．トランジスタの特性は，$h_{FE} = 100$，$V_{BE} = 0.7$ V とする．オペアンプの最大出力電流は 10 mA とする．

(1) 出力電圧 V_{OUT} とオペアンプ出力 V_2 を求めなさい．
(2) V_{OUT} がトランジスタ Q_1 の V_{BE} 特性の影響を受けない理由を説明しなさい．
(3) I_{OUT} - V_{OUT} 特性を図 9.15(b) のグラフに描き，最大出力電流 I_{m2} を求めなさい．

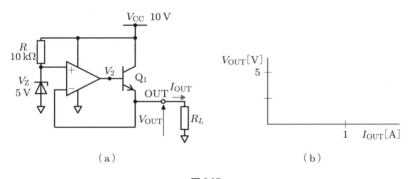

図 9.15

9.1-7【三端子レギュレータの内部構造】 図 9.16 の回路は，三端子レギュレータと同じ構造の回路である．つぎの問いに答えなさい．

(1) 出力電圧 V_{OUT} を求めなさい．
(2) 回路を「基準電圧回路」，「比較回路」，「出力回路」に区切りなさい．
(3) 三端子レギュレータの三つの端子（IN，OUT，GND）に相当する箇所を示しなさい．

178 第 9 章 定電圧回路（実用編）

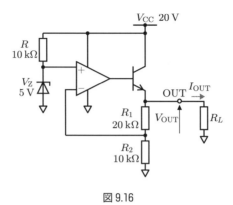

図 9.16

第 **10** 章

電力増幅回路

　電力増幅回路は，スピーカーやモーターなどの大きな負荷を駆動する際に用いられる．そして，電力増幅回路には，PNP トランジスタと NPN トランジスタを組み合わせて構成された B 級または AB 級のプッシュプル電力増幅回路がよく採用される．

　この章では，はじめに PNP トランジスタの動作を説明する．つぎに B 級および AB 級のプッシュプル電力増幅回路のしくみについて説明する．

10.1 PNP トランジスタ

PNP トランジスタは，NPN トランジスタと組み合わせてさまざまな実用回路で用いられている．またスイッチング回路では，スイッチの ON/OFF が NPN トランジスタと逆に動作する素子として用いられている．ここでは，PNP トランジスタを用いたスイッチングとエミッタフォロアの動作，そして増幅回路について説明する．

1 PNP トランジスタを用いた回路

PNP トランジスタの基本動作は，図 2.6 で説明したとおりである．ベース・エミッタ間は NPN トランジスタと逆方向のダイオード特性をもち，その電圧 V_{BE} は 0.6 〜 0.75 V である．

図 10.1 は PNP トランジスタを用いた回路である．各部の電流（I_B, I_C, I_E）と出力電圧 V_{OUT} は次式で与えられる．

$$I_B = \frac{V_{CC} - V_{BE}}{R_B} \qquad (10.1)$$

$$I_C = h_{FE} I_B \qquad (10.2)$$

$$I_E = I_B + I_C \fallingdotseq I_C \qquad (10.3)$$

$$V_{OUT} = R_C I_C \qquad (10.4)$$

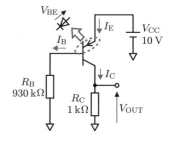

図 10.1 PNP トランジスタ回路

例題 10.1 図 10.1 の出力電圧 V_{OUT} を求めなさい．トランジスタの特性は，$h_{FE} = 100$，$V_{BE} = 0.7$ V である．

答え 式(10.1)より $I_B = (10 - 0.7)/(930 \times 10^3) = 10\ \mu\text{A}$，式(10.2)より $I_C = 100 \times 10 \times 10^{-6} = 1$ mA，式(10.3)より $I_E \fallingdotseq I_C = 1$ mA．式(10.4)より $V_{OUT} = 1 \times 10^3 \times 1 \times 10^{-3} = 1$ V．

2 PNP トランジスタのスイッチング動作

PNP トランジスタのスイッチング動作は，入力が HI のときスイッチ OFF，LO のとき ON となり，NPN トランジスタと逆の動作をする．

▶ **スイッチ ON の状態** 図 10.2 の回路は，ベース抵抗 R_B の値を図 10.1 より小さくした回路である．この PNP トランジスタは，スイッチが ON の状態で動作する．以下に，この回路のコレクタ電流 I_C と出力電圧 V_{OUT} を求める．

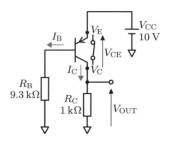

図 10.2 PNP トランジスタのスイッチング動作（ON 状態）

仮に式(10.1)〜(10.4)を用いて計算すると，$I_B = 1\,\text{mA}$，$I_C = 100\,\text{mA}$，$V_{\text{OUT}} = 100\,\text{V}$ となり，V_{OUT} は V_{CC} を超えてしまう．しかし，NPN トランジスタと同様に，PNP トランジスタは V_{CE} 電圧が飽和領域（$V_{CE} < 0.2\,\text{V}$）に入ると h_{FE} が急に低下するため，コレクタ電圧 V_C はエミッタ電圧 V_E より大きくなることはない（$V_C \leq V_E$）．したがって，V_{OUT} と I_C はつぎのように書き換えられる．

$$V_{\text{OUT}} \fallingdotseq V_{CC} = 10\,\text{V}, \qquad I_C = \frac{V_{\text{OUT}}}{R_C} = 10\,\text{mA}$$

▶ **スイッチ OFF の状態** 図 10.3 は，PNP トランジスタがスイッチが OFF 状態で動作する回路である．図 10.3(a) はベースにバイアス V_{CC} を加えたものであり，図 10.3(b) はベースをオープンとしたものである．どちらもベース電流は流れないため，コレクタ電流は流れず，出力電圧 V_{OUT} は 0 V である．

▶ **オーバードライブ（*OD*）** 図 10.2 のスイッチが ON の状態のとき，*OD* の値は NPN トランジスタと同様に次式で与えられる．ここで，$I_B{}'$ はスイッチ ON とするのに必要な最小ベース電流，I_B は実際に流すベース電流である．

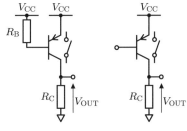

図 10.3　PNP トランジスタのスイッチング動作（OFF 状態）

$$OD = \frac{I_B}{I_B{}'} \tag{10.5}$$

例題 10.2 図 10.2 のオーバードライブの値を計算しなさい．トランジスタの特性は $h_{FE} = 100$，$V_{BE} = 0.7\,\text{V}$ である．

答え　$I_B{}' = I_C/h_{FE} = (V_{\text{OUT}}/R_C)/h_{FE} = (V_{CC}/R_C)/h_{FE} = 100\,\mu\text{A}$，式 (10.1) より $I_B = 1\,\text{mA}$．よって，$OD = I_B/I_B{}' = 1\times 10^{-3}/100\times 10^{-6} = 10$ 倍．

3 PNP トランジスタのエミッタフォロア

図 10.4 は PNP トランジスタを用いたエミッタフォロアの回路である．V_{CC} とエミッタ間にエミッタ抵抗 R_E が挿入されている．ベースに入力した信号はエミッタより出力される．

出力電圧 V_{OUT} は R_E の値に関係なく，次式で表される．ここで，V_B はベース電圧である．

$$V_{\text{OUT}} = V_B + V_{BE} = E + v_{in} + V_{BE} \tag{10.6}$$

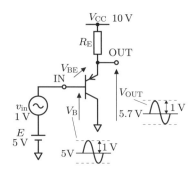

図 10.4　PNP トランジスタのエミッタフォロア

式(10.6)にバイアス電圧 $E = 5$ V，信号 $v_{in} = 1$ V を入力すると，V_{OUT} のバイアス成分は 5.7 V であり，信号成分は v_{in} と同じ 1 V である．

4　PNP トランジスタを用いた増幅回路

図 10.5 は PNP トランジスタを用いた増幅回路である．v_{in} が入力信号，v_{out} が出力信号である．v_{out} の位相は v_{in} の逆になる．

バイアス回路は，電流帰還バイアスであり，エミッタ抵抗 R_E の挿入によりバイアスの安定化が図られている（4.5 節参照）．R_A と R_B はブリーダ抵抗である．C_1 はカップリングコンデンサ，C_2 はバイパスコンデンサである．

この回路を解析してみよう．

▶ **バイアス電圧**　図 10.6 は図 10.5 を直流成分のみで考えた回路である．ベースよりみたインピーダンス Z_1 は，NPN トランジスタのエミッタフォロアの回路と同様に，エミッタ抵抗 R_E の h_{FE} 倍である（8.1 節参照）．図 10.6 では $R_A \ll Z_1$ であり，Z_1 を無視して考えると，ベースバイアス電圧 V_B' はつぎのように R_A と R_B の分圧により求めることができる．

$$V_B' = \frac{R_B V_{CC}}{R_A + R_B} = 6 \text{ V}$$

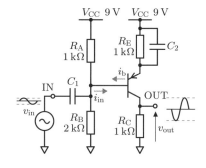

図 10.5　PNP トランジスタを用いた増幅回路

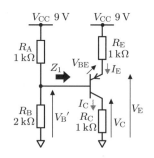

図 10.6　電流帰還バイアス回路

また，そのほかのバイアス電流や電圧は次式で求められる．ここで，$V_{BE} = 0.7$ V と

する．

$$V_E = V_B' + V_{BE} = 6.7 \text{ V}$$

$$I_E = \frac{V_{CC} - V_E}{R_E} = 2.3 \text{ mA}$$

$$V_C = I_C R_C \fallingdotseq I_E R_C = 2.3 \text{ V}$$

▶ **小信号等価回路**　図 10.7(a)は，図 10.5 のトランジスタを小信号等価回路に置き換えた回路である．コンデンサの容量は十分大きいものとして，ショートに置き換えてある．その回路を交流成分のみで考えた回路が図 10.7(b)である．

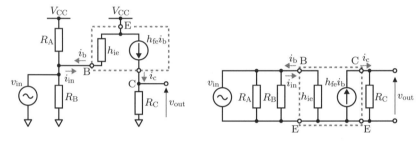

（a）トランジスタを等価回路に置き換え　　（b）交流成分のみの回路

図 10.7　PNP トランジスタ増幅回路の小信号等価回路

▶ **信号増幅度**　図 10.7(b)より信号増幅度は次式で与えられる．

$$i_{in} = \frac{v_{in}}{h_{ie}} \tag{10.7}$$

$$i_b = -i_{in} = -\frac{v_{in}}{h_{ie}} \tag{10.8}$$

$$v_{out} = i_c R_C = h_{fe} i_b R_C = -\frac{h_{fe}}{h_{ie}} R_C v_{in} \tag{10.9}$$

$$A_v = \frac{v_{out}}{v_{in}} = -\frac{h_{fe}}{h_{ie}} R_C \tag{10.10}$$

PNP トランジスタの増幅度は，NPN トランジスタの増幅度（式(4.33)）と同じである．

■ **問題**

10.1-1【復習】 PNP トランジスタについてのつぎの問いに答えなさい．
（1）表 10.1 の（　）の中に当てはまる言葉を下の枠の中から選びなさい．

NPN PNP 大信号 小信号

(2) PNPトランジスタの記号と端子名を描きなさい．
(3) エミッタ電流 I_E，ベース電流 I_B，コレクタ電流 I_C の関係式を書きなさい．
(4) V_{BE} 電圧を答えなさい．

表 10.1

タイプ	分類	構造
A	(a)	(b)
B	(c)	(d)
C	(e)	(f)
D	(g)	(h)

10.1-2【バイアス計算】 図 10.8 の回路においてつぎの問いに答えなさい．トランジスタの特性は，$h_{FE} = 100$，$V_{BE} = 0.7\,\text{V}$ とする．
(1) ベース電流 I_B を求めなさい．
(2) コレクタ電流 I_C を求めなさい．
(3) エミッタ電流 I_E を求めなさい．
(4) 出力電圧 V_{OUT} を求めなさい．

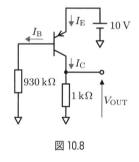

図 10.8

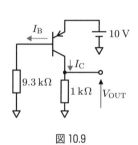

図 10.9

10.1-3【スイッチング動作】 図 10.9 の回路においてつぎの問いに答えなさい．トランジスタの特性は，$h_{FE} = 100$，$V_{BE} = 0.7\,\text{V}$ とする．
(1) ベース電流 I_B を求めなさい．
(2) コレクタ電流 I_C を求めなさい．
(3) 出力電圧 V_{OUT} を求めなさい．
(4) オーバードライブ OD の値を求めなさい．

10.1-4【スイッチングの応用問題】 つぎの問いに答えなさい．
(1) 内部抵抗 $4.3\,\text{k}\Omega$ のセンサを用いて，センサが感知したときに LED が点灯するようにしたい．図 10.10 の部品を用いて回路を作りなさい．センサの出力電圧はつぎのとおりである．トランジスタの特性は，$h_{FE} = 100$，$V_{BE} = 0.7\,\text{V}$ である．LED の降下電圧は $V_D = 2\,\text{V}$ であ

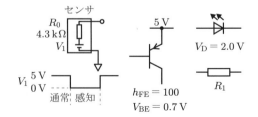

図 10.10

り，15 mA の電流を流して点灯させる．
(2) R_1 の値を求めなさい．
(3) オーバードライブ OD の値を求めなさい．

10.1-5【エミッタフォロア】 図 10.11 の各回路の V_E, V_C を求めなさい．トランジスタの特性は，$h_\mathrm{FE} = 100$, $V_\mathrm{BE} = 0.7$ V とする．

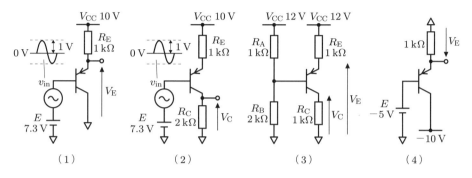

図 10.11

10.1-6【増幅回路】 図 10.12 の回路においてつぎの問いに答えなさい．コンデンサの容量は，十分大きく，そのインピーダンスは無視できるものとする．トランジスタの特性は，電流増幅率 $h_\mathrm{fe} = 200$, 入力インピーダンス $h_\mathrm{ie} = 2$ kΩ, $V_\mathrm{BE} = 0.7$ V とする．入力信号 $v_\mathrm{in} = 20$ mV とする．
(1) 出力バイアス電圧 V_OUT' を求めなさい．
(2) 小信号に対する等価回路を描きなさい．
(3) 入力電流 i_in を求めなさい．
(4) ベース電流 i_b を求めなさい．
(5) 出力信号電圧 v_out を求めなさい．
(6) 電圧増幅度 A_v を求めなさい．
(7) 出力電圧 V_OUT の波形を描きなさい．

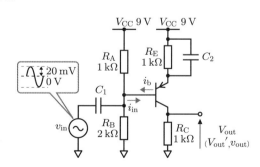

図 10.12

10.2 プッシュプル電力増幅回路

増幅回路の種類は，バイアスの動作点によってA級，AB級，B級に分類される．ここでは，はじめに各増幅器の特徴について説明する．その後，B級とAB級のプッシュプル電力増幅回路について説明する．

1 増幅回路の種類

図10.13は，トランジスタのV_{BE}-I_C特性にA級，AB級，B級増幅回路の各動作点Pと入力信号v_{be}を加わえたときの出力信号i_cを示したものである．

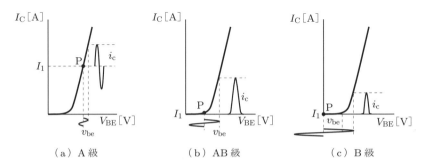

図10.13　各種増幅回路の動作点と入出力信号波形

表10.2に各増幅回路の特徴と用途をまとめる．

表10.2　各増幅回路の特徴と用途

	A級	AB級	B級
ひずみ	○小さい ◀	△ ───	─▶ ×大きい
消費電流	×多い ───	△ ───	─▶ ○少ない
用途	小信号用増幅回路	アナログ波の電力増幅回路	パルス波の電力増幅回路

▶ **A級増幅回路**　A級増幅回路の動作点は，図10.13(a)に示すように，V_{BE}-I_C特性の線形の箇所である．そのため出力信号のひずみは小さい．しかし，信号がなくてもコレクタバイアス電流I_1がつねに流れるため，消費電流が大きくなるのが欠点である．

A級増幅回路は，一般的に小信号用増幅回路で使われる．第3, 4章で説明したトランジスタ増幅回路はA級増幅回路である．

▶ **AB級増幅回路**　AB級増幅回路の動作点は，図10.13(b)に示したように，

V_{BE}-I_C 特性の立ち上がり箇所である．出力波形は，入力信号の上側半分が出力される．コレクタ電流 I_C は入力信号の大きさに応じて流れる．信号がないときのコレクタバイアス電流 I_1 はわずかであり，消費電流は A 級よりも少ない．AB 級増幅回路は，プッシュプル回路（図 10.17 参照）にして，アナログ信号の電力増幅回路としてスピーカーなどの大きな負荷を駆動するのに用いられる．

▶ **B 級増幅回路**　B 級増幅回路の動作点は，図 10.13(c) に示したように，I_C がゼロの箇所である．そのため，入力波の上半分の一部が出力される．信号がないときは，コレクタバイアス電流 I_1 がゼロのため，消費電流は 3 種類の増幅回路の中でもっとも少ない．B 級は，アラーム音やモータ駆動などのパルス信号の電力増幅回路として用いられる．

2 B 級プッシュプル電力増幅回路

図 10.14 は B 級プッシュプル電力増幅回路である．NPN トランジスタ Q_1 と PNP トランジスタ Q_2 を組み合わせて構成されている．どちらのトランジスタもエミッタフォロア回路として動作するため，増幅回路の入力インピーダンスは高く，出力インピーダンスは低い．

図 10.15 は，B 級プッシュプル電力増幅回路の入出力特性であり，入力電圧 V_{IN} が -10 ～ 10 V のときの出力電圧 V_{OUT} を示している．また，入力電圧を V_{IN} より信号 v_{in} に変えたときの出力波形 v_{out} も示している．①は v_{in} が正弦波のときであり，②はパルス波のときである．v_{out} の波形は，上半分が Q_1 より，下半分が Q_2 より出力される．

▶ **直流動作**　図 10.14 の B 級プッシュプル電力増幅回路の直流動作を考える．

〈V_{IN} が 0.7 ～ 10 V のとき〉　図 10.16

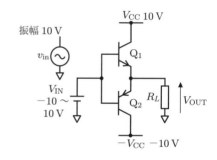

図 10.14　B 級プッシュプル電力増幅回路

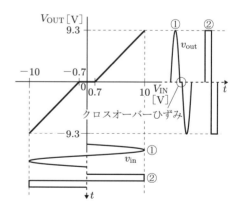

図 10.15　B 級プッシュプル入出力特性

(a) は，V_{IN} が 0.7 ～ 10 V のときのトランジスタの動作状態である．NPN トランジスタ Q_1 のベース・エミッタ間には順方向電圧が加わり，Q_1 にベース電流 I_B とコレ

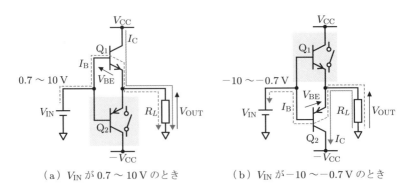

(a) V_{IN} が 0.7 ～ 10 V のとき　　(b) V_{IN} が －10 ～ －0.7 V のとき

図 10.16　トランジスタの動作状態

クタ電流 I_C が図のように流れる．Q_1 はエミッタフォロアとして動作し，出力電圧 V_{OUT} はつぎのとおりである．

$$V_{OUT} = V_{IN} - V_{BE}$$

このとき，PNP トランジスタ Q_2 のベース・エミッタ間には逆方向バイアスが加わるため，ベース電流は流れない．Q_2 はスイッチ OFF の状態となり，ほかの回路より切り離して考えることができる．

〈V_{IN} が －10 ～ －0.7 V のとき〉　図 10.16(b) は，V_{IN} が －10 ～ －0.7 V のときのトランジスタの動作状態である．Q_2 のベース・エミッタ間には順方向電圧が加わり，I_B と I_C は図のように流れる．Q_2 はエミッタフォロアとして動作し，出力電圧 V_{OUT} はつぎのとおりである．

$$V_{OUT} = V_{IN} + V_{BE}$$

このとき，Q_1 のベース・エミッタ間には逆方向バイアスが加わる．Q_1 はスイッチ OFF の状態であり，ほかの回路より切り離して考えることができる．

〈V_{IN} が －0.7 ～ 0.7 V のとき〉　Q_1 と Q_2 の V_{BE} はどちらも 0.7 V より小さくなり，Q_1 と Q_2 はスイッチ OFF の状態となる．そのため負荷 R_L には電流が流れず，V_{OUT} は 0 V となる．

なお，図 10.16 の回路は，Q_1 と Q_2 の動作より，負荷に電流を押し出したり（プッシュ），引き込んだりする（プル）．そのため，**プッシュプル回路**という．

▶ **交流信号の入出力波形**　図 10.15 の v_{out} ①，②は，図 10.14 の直流電源 V_{IN} を信号 v_{in} に変えた場合の出力信号である．これらは，入出力特性のグラフを使って作図して求められる．入力信号が正弦波の場合，出力波形は 0 V 付近でひずむ．このひずみを**クロスオーバーひずみ**という．入力信号がパルス波の場合，出力波形は入力と同じパルス波となり，ひずみは発生しない．

3 AB級プッシュプル電力増幅回路

図10.17がAB級プッシュプル電力増幅回路である.図10.14のB級プッシュプル電力増幅回路と比較すると,ベース部にダイオードと抵抗Rが追加され,ベースにバイアス電圧が加えられている.このバイアス電圧により,Q_1, Q_2のコレクタバイアス電流(I_{C_1}, I_{C_2})はわずかに流れる.

図10.18は,図10.17の回路の入出力特性である.入出力特性は,$V_{IN} = V_{OUT}$の線形特性となる.

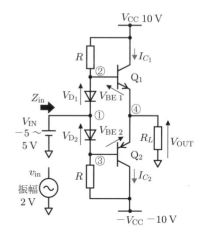

図10.17 AB級プッシュプル電力増幅回路

▶ **動作** 図10.17の入力電圧V_{IN}が0〜5Vのとき,NPNトランジスタQ_1が動作する.V_{OUT}は,①,②,④のルートで考えると次式で表される.ここで,ダイオードの降下電圧V_{D_1}とトランジスタのベース・エミッタ間電圧$V_{BE\,1}$は同じ電圧とする.

$$V_{OUT} = V_{IN} + V_{D_1} - V_{BE\,1} = V_{IN}$$

入力電圧V_{IN}が-5〜0Vのとき,PNPトランジスタQ_2が動作する.V_{OUT}は,①,③,④のルートで考えると次式で表される.ここで,$V_{D_2} = V_{BE\,2}$とする.

$$V_{OUT} = V_{IN} - V_{D_2} + V_{BE\,2} = V_{IN}$$

したがって,V_{IN}の全範囲において$V_{OUT} = V_{IN}$となる.

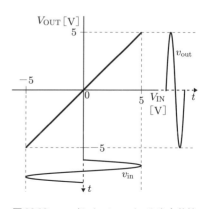

図10.18 AB級プッシュプル入出力特性

▶ **交流信号の入出力波形** 図10.18に図10.17の直流電源V_{IN}を信号源v_{in}に置き換えた場合の入出力波形を示す.出力波形v_{out}はv_{in}と同じになり,クロスオーバーひずみは改善される.また,増幅器の電圧増幅度A_vは1倍である.

▶ **電力増幅度 A_p** 図10.17の回路の電力増幅度を求めてみよう.AB級プッシュプル電力増幅回路の入力インピーダンスはZ_{in}とする.

入力電力 $\quad P_{in} = \dfrac{v_{in}^{\,2}}{Z_{in}}$ （10.11）

出力電力　$P_{out} = \dfrac{v_{out}^2}{R_L}$ (10.12)

$v_{in} = v_{out}$ (10.13)

$A_p = \dfrac{P_{out}}{P_{in}}$ (10.14)

式(10.11)〜(10.13)を式(10.14)に代入すると，つぎのようになる．

$A_p = \dfrac{Z_{in}}{R_L}$ (10.15)

なお，Q_1，Q_2 のエミッタフォロアの入力インピーダンスがベース抵抗 R より十分大きいとすると，Z_{in} は次式で与えられる．

$Z_{in} = R//R = \dfrac{R}{2}$

例題 10.3　図 10.17 において $Z_{in} = 100\ \Omega$，$R_L = 10\ \Omega$ であるとき，電力増幅度 A_p を求めなさい．
　答え　式(10.15)より，$A_p = 100/10 = 10$ 倍．

■ **問題**

10.2-1【増幅回路の種類】 A 級，AB 級，B 級増幅回路についてのつぎの問いに答えなさい．
(1) 各増幅回路の動作点を，図 10.19 の V_{BE} - I_C 特性に描きなさい．
(2) 各増幅回路のベース・エミッタ間に信号を加えたときのコレクタ電流の波形を(1)のグラフより作図して求めなさい．
(3) 各増幅回路のひずみと消費電流に対して，よい特性には○，中間は△，わるい特性には×を付けなさい．
(4) 各増幅回路の用途を挙げなさい．

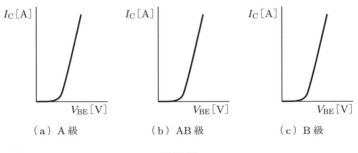

図 10.19

10.2-2【B級プッシュプル電力増幅回路】図 10.20(a)のトランジスタの特性は V_{BE} = 0.7 V とする．つぎの問いに答えなさい．

(1) V_{IN} を $-10 \sim 10$ V まで変化させたとき，V_{IN} - V_{OUT} 特性のグラフを図 10.20(b) につぎの手順で描きなさい．
  ① V_{IN} が $0.7 \sim 10$ V のときのグラフを描く．
  ② V_{IN} が $-10 \sim -0.7$ V のときのグラフを描く．
  ③ V_{IN} が $-0.7 \sim 0.7$ V のときのグラフを描く．
(2) 直流電源 V_{IN} を正弦波（振幅 10 V）v_{in} に変えた．このときの出力信号 v_{out} を (1) で作成したグラフを用いて求めなさい．
(3) v_{in} を振幅 10 V のパルス波に変更した際の v_{out} を求めなさい．

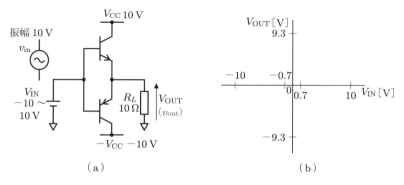

図 10.20

10.2-3【AB級プッシュプル電力増幅回路】図 10.21(a)のダイオードの降下電圧は V_D = 0.7 V，トランジスタのベース・エミッタ間電圧は V_{BE} = 0.7 V である．また，ダイオー

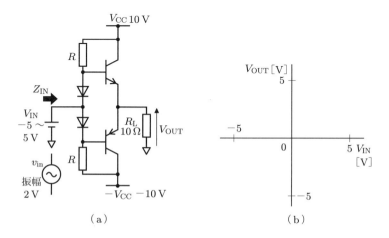

図 10.21

ドにはつねに電流が流れているものとする．つぎの問いに答えなさい．

(1) V_{IN} を $-5 \sim 5$ V まで変化させたとき，V_{IN} - V_{OUT} のグラフを図 10.21(b) に描きなさい．

(2) 直流電源 V_{IN} を正弦波（振幅 2 V）v_{in} に変えた．このときの出力信号 v_{out} を (1) で作成したグラフを用いて求めなさい．

(3) この増幅回路の電圧増幅度 A_v と電力増幅度 A_p を求めなさい．増幅回路の入力インピーダンス Z_{IN} は 100 Ω とする．

10.2-4【演習問題】 ボリュームを変化させたときにモーターの速度と回転方向が変わる回路を，図 10.22 の部品を用いて作りなさい．

〈ヒント〉 図 10.14 の回路にする．

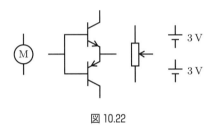

図 10.22

第 **11** 章

変調回路と復調回路

　変調は，音響や映像などの信号を高周波信号に乗せて遠方に伝送する操作であり，復調は変調波より元の信号を取り出す操作である．変調と復調は，通信において重要な技術である．

　この章では，はじめに振幅変調回路で使用されるトランスについて説明する．つぎに変調と復調のしくみについて，最後に振幅変調回路と復調回路について説明する．

11.1 トランス

トランスは変圧器ともよばれ，交流の電圧変換やインピーダンス変換，トランス結合の用途で用いられる．また，あとで説明する AM 変調回路や発振回路で用いられる．ここでは，トランスの動作について説明する．

1 基本事項

図 11.1(a) は低周波用のトランスであり，鉄芯にコイルが巻き付けられた構造をしている．高周波用のトランスは，図 11.1(a) の鉄芯をコアに変えたり，図 11.1(b) のように二つのコイルを電磁結合させた構造である．

図 11.2 にトランスの回路を示す．破線内がトランスの回路記号であり，入力側に信号源，出力側に負荷 R_L が接続されている．

トランスの入力側を 1 次側，出力側を 2 次側とよぶ．1 次側に加わる電圧 v_1 と流れる電流 i_1 を 1 次電圧，1 次電流という．2 次側に加わる電圧 v_2 と流れる電流 i_2 を 2 次電圧，2 次電流という．$n_1 : n_2$ は，コイルの巻き数比である．

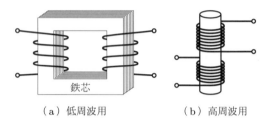

図 11.1　トランスの構造
（a）低周波用　　（b）高周波用

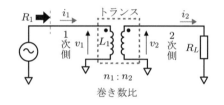

図 11.2　トランスの回路記号

▶ **電気特性**　　トランスの基本的な電気特性はつぎの三つである．

① v_1 と v_2 は巻き数に比例する　　$\dfrac{v_2}{v_1} = \dfrac{n_2}{n_1}$ 　　(11.1)

② i_1 と i_2 の比は巻き数比に反比例する　　$\dfrac{i_2}{i_1} = \dfrac{n_1}{n_2}$ 　　(11.2)

③ 入力電力と出力電力は等しい　　$v_1 i_1 = v_2 i_2$ 　　(11.3)

▶ **1 次側の入力インピーダンス**　　図 11.2 の 1 次側よりみたトランス回路の入力インピーダンス R_1 は，次式で求められる．

$$R_1 = \dfrac{v_1}{i_1} \qquad (11.4)$$

式(11.4)に式(11.1),(11.2)を代入すると次式となる.

$$R_1 = \left(\frac{n_1}{n_2}\right)^2 \frac{v_2}{i_2} = \left(\frac{n_1}{n_2}\right)^2 R_L \qquad (11.5)$$

図 11.3(a)は 1 次側の等価回路であり,R_1 は式(11.5)によって変換された抵抗である.

図 11.3(b)は,1 次側のコイルのインダクタンス L_1 の影響を受ける場合の等価回路である.トランスの 1 次側の等価回路は,R_1 と L_1 の並列となる.通常は $\omega L_1 \gg R_1$ であり,L_1 は無視される.

▶ **極性**　図 11.2 のトランスに付けられた黒い点は,極性(巻方向)を表す.図 11.4 のように 1 次と 2 次で極性を変えると,2 次側には 1 次側に加えた逆方向の電圧,電流が出力される.

(a) 1 次側の等価回路

(b) L_1 を考慮した等価回路

図 11.3　トランスの入力インピーダンス

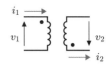

図 11.4　極性が逆の場合

2 共振特性をもつトランス回路

▶ **等価回路**　図 11.5(a)はトランスにコンデンサ C_1 を追加して共振特性をもたせた回路である.L_1 は 1 次側のインダクタンスである.図 11.5(b)はその等価回路であり,C_1 と L_1 と R_1 の並列接続の回路となる.

図 11.5(c)は,図 11.5(b)が共振したときの等価回路である.$L_1 C_1$ は並列共振のため,インピーダンスは ∞ となり,取り除かれる.

▶ **共振特性**　図 11.5(b)の回路の共振特性について説明する.

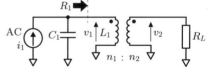

(a) 共振特性をもつトランス回路

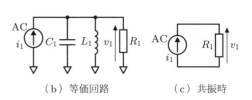

(b) 等価回路　　　(c) 共振時

図 11.5　トランス回路

〈共振周波数〉　並列共振回路の共振周波数は次式で与えられる.

$$f_0 = \frac{1}{2\pi\sqrt{L_1 C_1}} \qquad (11.6)$$

〈振幅特性〉　図 11.6(a)の振幅特性は,図 11.5(a)の定電流源 i_1 の周波数を変化させたときの 1 次電圧 v_1 と 2 次電圧 v_2 の特性である.共振周波数 f_0 を中心にバンドパ

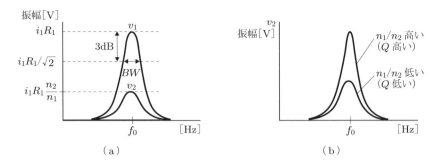

図 11.6 振幅特性

スフィルタ（BPF）の特性を示す．共振（f_0）時，v_1 は最大となり，その最大振幅値は図 11.5(c) より i_1R_1 である．

〈出力電圧 v_2〉 v_2 はトランスの巻き数比によってつぎのようになる．

$$v_2 = \left(\frac{n_2}{n_1}\right)v_1 = \frac{n_2}{n_1}R_1i_1 \tag{11.7}$$

〈巻き数比による帯域幅と出力電圧〉 共振特性の鋭さを表す値として Q（Quality factor）がある．Q は次式で与えられる．

$$Q = \frac{R_1}{X_{L_1}} = \frac{R_1}{2\pi f_0 L_1} \tag{11.8}$$

共振特性（BPF）の帯域幅 BW は，Q 値によって次式で与えられる．

$$BW = \frac{f_0}{Q} \tag{11.9}$$

図 11.6(b) は，巻き数比 n_1/n_2 による出力電圧 v_2 のグラフである．巻き数比 n_1/n_2 を高くすると，式(11.5)と式(11.8)より Q が高くなり，それに伴い帯域 BW は狭くなる．v_2 の振幅は，式(11.5)を式(11.7)に代入してつぎのようになり，巻き数比を高くするほど大きくなる．

$$v_2 = \frac{n_1}{n_2}R_L i_1 \tag{11.10}$$

■ 問題

11.1-1【トランスの基本事項】つぎの問いに答えなさい．
(1) 以下の式をトランスの巻き数比 n_1, n_2 を用いて表しなさい．

① $\dfrac{v_2}{v_1}$ ② $\dfrac{i_2}{i_1}$

(2) 電源側よりトランス1次側をみたときの入力インピーダンス R_1 を求めなさい．

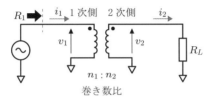

図 11.7

11.1-2【演習問題】 図 11.8 の各回路の電流電圧 i_1, i_2, v_1, v_2 と入力インピーダンス R_1 を求めなさい.

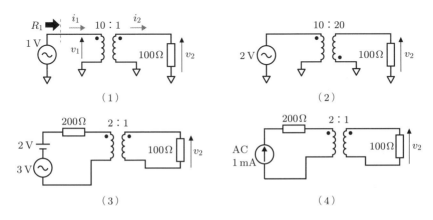

図 11.8

11.1-3【共振特性をもつトランス回路】 図 11.9(a) においてトランスの特性は, 巻き数比 $n_1 : n_2 = 4 : 1$, 1 次側のインダクタンス $L_1 = 400\ \mu\text{H}$, 交流電流源 $i_1 = 1\ \text{mA}$, $C_1 = 100\ \text{pF}$, $R_L = 1\ \text{k}\Omega$ のとき, つぎの問いに答えなさい.

(1) 電流源よりトランス 1 次側をみたときの等価回路を描き, 回路の共振周波数 f_0 を求めなさい.
(2) 共振時の 1 次電圧 v_1 を求めなさい.
(3) i_1 の周波数を変化させたときの v_1 の周波数特性を図 11.9(b) に描きなさい.
(4) 1 次側の共振回路の Q を求めなさい.
(5) v_1 の帯域幅 BW を求めなさい.
(6) v_2 の周波数特性を図 11.9(b) に描きなさい.
(7) 巻数比 n_1/n_2 を大きくしたとき, v_2 の信号レベルと帯域幅 BW はどう変化するか答えなさい.

第 11 章 変調回路と復調回路

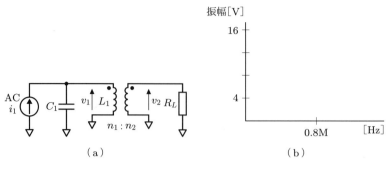

図 11.9

11.2 変調のしくみ

ここでは,はじめに変調の種類やしくみについて説明する.その後,変調の基礎となる振幅変調について説明する.

1 変調について

▶ **変調の必要性** 無線通信を行うには,信号をアンテナに接続し,電波として放射する必要がある.信号を効率よく電波に変換できるアンテナとして,$\lambda/4$ または $\lambda/2$ 程度の長さのアンテナがよく用いられる.λ は信号の波長であり,次式で与えられる.

$$\lambda = \frac{c}{f} \qquad (11.11)$$

ここで,c は光速(3×10^8 m/s),f は周波数 [Hz] である.

音声信号の周波数を 300 Hz とすると,その波長は式(11.11)より 1000 km と計算できる.そのため,図 11.10(a)に示すように,音声信号を長さ 50 cm 程度のアンテナに直接接続しても音声信号を電波として飛ばすことはできない.そこで,図 11.10(b)に示すように,音声信号の情報を高周波信号に乗せてアンテナより電波として放射する.この操作を **変調** という.

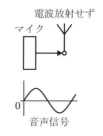

(a) 音声信号をアンテナに接続

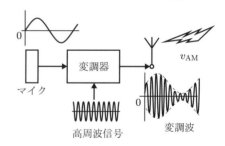

(b) 変調波をアンテナに接続

図 11.10 変調の必要性

例題 11.1 信号の周波数が 300 MHz のダイポールアンテナ(長さ $\lambda/2$)の長さを求めなさい.

答え 式(11.11)より $\lambda = 3\times 10^8/(300\times 10^6) = 1$ m.よって,ダイポールアンテナの長さは 50 cm.

▶ **変調の種類** 変調は,大きく分類するとアナログ変調とディジタル変調とに分けられる.アナログ変調はアナログ信号を変調したものであり,**振幅変調**(amplitude modulation:AM)と **周波数変調**(frequency modulation:FM)が古くからよく使

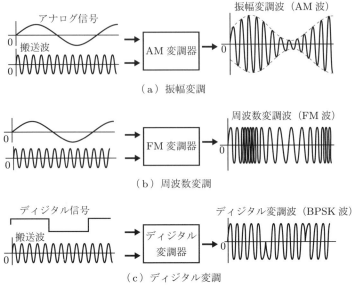

図11.11 変調波のつくり方

われている．**ディジタル変調**はディジタル信号を変調したものである．図 11.11 は，各変調波のつくり方である．つぎに各変調の特徴を説明する．

▶ **AM 波**　図 11.11(a) に振幅変調波（AM 波）を示す．AM 波は，搬送波（高周波信号）の振幅を信号の振幅に応じて変化させたものである．AM 波は，搬送波とアナログ信号を振幅変調器（AM 変調器）に入力して生成される．振幅変調は，復調回路が簡単にできるため，AM ラジオの変調方式に採用されている．

▶ **FM 波**　図 11.11(b) に周波数変調波（FM 波）を示す．FM 波は，搬送波の周波数を信号の振幅に応じて変化させたものである．FM 波は，搬送波とアナログ信号を周波数変調器（FM 変調器）に入力して生成される．周波数変調は復調した信号のノイズが少ないため，FM ラジオの変調方式に採用されている．

▶ **ディジタル変調波**　図 11.11(c) にディジタル変調波の一例として BPSK 波を示す．ディジタル変調波は，搬送波とディジタル信号をディジタル変調器に入力してつくられる．ディジタル変調波は，搬送波の位相や振幅をディジタル信号の HI/LO に応じて変化させたものである．図 11.11(c) は，搬送波の位相を変化させた例である．ディジタル変調はデータの送信効率や復元性が高いため，テレビや携帯電話などの近年の無線通信によく使われている．

2 AM変調器

AM波は，信号波と搬送波を乗算してつくることができる．ここでは，信号波と搬送波を加算した場合と，乗算した場合の波形やスペクトルを解説しよう．

▶ **信号波と搬送波の加算（合成）**　図11.12(a)に，振幅1Vの搬送波v_cと振幅0.5Vの信号波v_sを足し合わせた波（合成波）v_1を示す．ここで，ω_s, ω_cはv_s, v_cの角周波数である．なお，信号を表す式には，後に積和の公式を活用するため，コサインを用いる．

図11.12(b)に合成波v_1のスペクトルを示す．ここで，f_s, f_cはv_s, v_cの周波数である．v_sの成分とv_c成分は分離しており，v_sとv_cを足し合わせても変調波にはならない．そのためv_1をアンテナに接続しても，電波となって放射されるのはv_cの成分のみであり，v_sを送信することはできない．

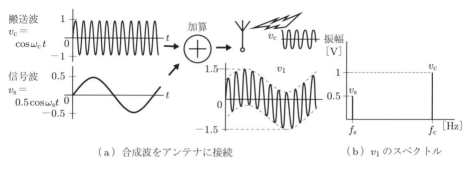

（a）合成波をアンテナに接続　　　　（b）v_1のスペクトル

図11.12　搬送波と信号波の合成

▶ **信号波と搬送波の乗算**　図11.13(a)のv_{AM}は，振幅1Vの搬送波v_cと信号波v_s（直流成分A，交流成分B）を掛け合わせた波形であり，これがAM波である．v_c

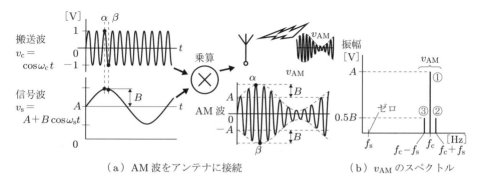

（a）AM波をアンテナに接続　　　　（b）v_{AM}のスペクトル

図11.13　搬送波と信号波の乗算

の最大点 α（1 V）と v_s を掛けると，変調器の出力は v_s の値となる．一方，v_c の最小点 β（-1 V）と v_s を掛け合わせると $-v_s$ となる．こうして変調器の出力波形は，v_s を時間軸で対称とした波形となる．図 11.13(b) に v_{AM} のスペクトルを示す．図中の①が v_c の成分である．②，③は**側波**とよばれる成分で，ここに v_s の情報が含まれる．また，信号周波数 f_s の成分はゼロである．

側波は，v_c の周波数 f_c のすぐ近く（$f_c - f_s$, $f_c + f_s$）に発生するため，アンテナに v_{AM} を接続すると，①〜③のすべての成分が放射され，信号の情報を電波で送信することができる．

3 AM波 v_{AM} のスペクトルの導出

図 11.13(b) の v_{AM} のスペクトルは，つぎのように v_s と v_c を掛けて導出できる．

三角関数　積和の公式
$\cos\alpha \cos\beta = 0.5[\cos(\alpha+\beta) + \cos(\alpha-\beta)]$

$$v_{AM} = v_s v_c = (A + B\cos\omega_s t)\cos\omega_c t$$
$$= A\cos\omega_c t + B(\cos\omega_c t \cos\omega_s t) \tag{11.12}$$

さらに，三角関数の積和の公式よりつぎのようになる．

$$v_{AM} = \underbrace{A\cos\omega_c t}_{①} + 0.5B[\underbrace{\cos(\omega_c+\omega_s)t}_{②} + \underbrace{\cos(\omega_c-\omega_s)t}_{③}] \tag{11.13}$$

式 (11.13) の①〜③の項は，図 11.13(b) のスペクトル①〜③の成分に対応する．式 (11.13) より，信号の振幅 B が大きいと側波②と③のレベルは大きくなり，信号の周波数 f_c が高いと側波は搬送波より離れて AM 波の占有する周波数帯域（占有帯域幅）が広がる．

4 変調度

▶ **変調度による変調波形と復調波形**　変調の深さ（割合）を**変調度**という．図 11.13(a) の AM 波の場合，変調度 m は次式で与えられる．通常，変調度は［％］で表示される．

$$m = \frac{B}{A} \tag{11.14}$$

図 11.14 は，変調度 $m = 0$, 20, 100, 120％ の波形である．変調度が 100％を超えた場合を

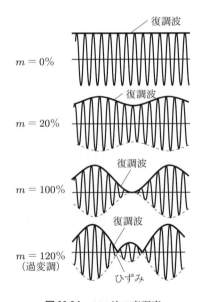

図 11.14　AM 波の変調度

過変調という．

　AM 波の包絡線（輪郭線）が，受信側で復調される信号（復調波）である．$m = 0\%$ の AM 波は，搬送波のみで信号成分は含まれていない．そのため，復調しても信号は得られない．変調度が大きいほど，復調された信号レベルは大きくなるが，過変調（$m > 100\%$）になると復調された信号はひずむ．

▶ **振幅変調波（AM 波）の一般式**　　AM 波の一般式は，式(11.12)を変形した後，式(11.14)を代入してつぎのように導かれる．

$$v_{\mathrm{AM}} = A\left(1 + \frac{B}{A}\cos\omega_s t\right)\cos\omega_c t = A(1 + m\cos\omega_s t)\cos\omega_c t \tag{11.15}$$

■ **問題**

11.2-1【波長とアンテナ】 つぎの問いに答えなさい．
(1) 300 Hz と 300 MHz の波長を求めなさい．
(2) 300 Hz と 300 MHz のダイポールアンテナの長さを求めなさい．
(3) 音声信号を電波で飛ばすことができない理由を述べなさい．
(4) 音声信号を電波で飛ばす方法を述べなさい．

11.2-2【変調の種類】 つぎの各説明について，振幅変調を表す内容は A，周波数変調は F，ディジタル変調は D を付けなさい．
① 波形が図 11.15 のようになる　（　　）
② 波形が図 11.16 のようになる　（　　）
③ 波形が図 11.17 のようになる　（　　）
④ 搬送波の振幅を変化させる　　（　　）
⑤ 搬送波の周波数を変化させる　（　　）
⑥ 搬送波の位相を変化させる　　（　　）
⑦ AM ラジオで用いる　　　　　（　　）
⑧ FM ラジオで用いる　　　　　（　　）
⑨ テレビで用いる　　　　　　　（　　）
⑩ 携帯電話で用いられている　　（　　）
⑪ 復調が簡単である　　　　　　（　　）
⑫ 復調信号のノイズが多い　　　（　　）
⑬ 受信信号の音がよい　　　　　（　　）

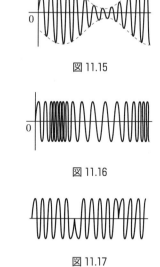

図 11.15

図 11.16

図 11.17

11.2-3【信号の加算】 つぎの問いに答えなさい．
(1) 図 11.18 の破線の枠の中に搬送波と信号波を加算した合成波を描きなさい．
(2) 合成波のスペクトルを図 11.18 のグラフに描きなさい．

11.2-4【振幅変調器】 図 11.19 においてつぎの問いに答えなさい．

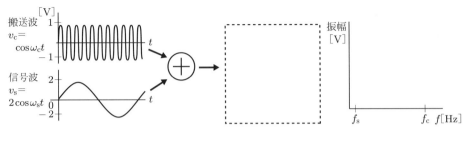

図 11.18

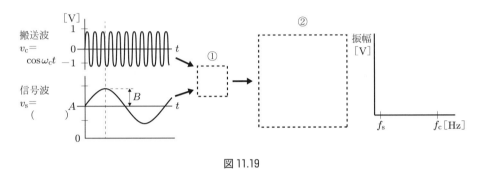

図 11.19

(1) 破線の枠①は振幅変調器の操作を表す．①に入る記号を（＋－×÷）の中から選びなさい．
(2) 破線の枠②の中に AM 波の波形を描きなさい．
(3) 信号波 v_s の式を書きなさい．
(4) $v_{AM} = v_c v_s$ を計算し，各周波数成分を求めなさい．
(5) v_{AM} のスペクトルを図 11.19 のグラフに描きなさい．
(6) v_s の振幅が大きくなったとき，また周波数が高くなったとき，v_{AM} のスペクトルはどのように変化するか答えなさい．
(7) AM ラジオ放送は音声信号の高域周波数がカットされている．その理由を述べなさい．

11.2-5【変調度】つぎの問いに答えなさい．

(1) 図 11.20 の波形で $A = 2$ V，$B = 1.6$ V のときの変調度 m を求めなさい．
(2) 変調度 0%，100%，過変調の AM 波形を描きなさい．
(3) 変調度 0%，100%，過変調の AM 波を復調した信号波形を描きなさい．
(4) 次式は図 11.20 の AM 波を式で表したものである．式中の下線部を埋めなさい．
$$v_{AM} = A(\underline{\qquad} + \underline{\qquad}\cos\omega_s t)\cos\omega_c t$$

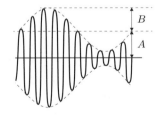

図 11.20

11.3 振幅変調回路と復調回路

前節で説明したように,振幅変調波(AM 波)は音声信号と搬送波を掛けてつくることができる.乗算回路は集積回路として市販されているが,その内部回路は複雑である.そのため,ここでは乗算回路を使わない,ベース変調方式の振幅変調回路を説明する.そして,最後に復調回路について説明する.

1 ブロック構成

図 11.21 はベース変調方式の振幅変調器のブロック構成である.はじめに信号波と搬送波は,加算器で足し合わされる(図 11.12 参照).つぎに加算された信号波は整流器で整流され,プラス側の波形のみ取り出される.整流された信号は共振器に入り,高周波成分のみ取り出され,AM 波が生成される.

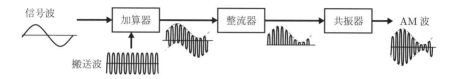

図 11.21　振幅変調器のブロック構成

2 動作

図 11.22 は振幅変調回路である.ベースより信号波と搬送波が入力されるため,ベース変調方式とよばれる.図 11.21 の各ブロックに対応した回路を破線で囲んで示す.以下に各回路の詳しい動作を説明する.

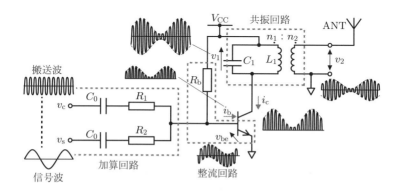

図 11.22　振幅変調回路(ベース変調方式)

3 加算回路

入力された搬送波 v_c と信号波 v_s は抵抗 R_1, R_2 の加算回路により足し合わされる．図 11.22 のコンデンサ C_0 はバイパスコンデンサである．図 11.23(a) は C_0 をショートとした加算回路である．その回路をテブナンの定理を用いて等価電源 v_{in} と等価抵抗 Z_{OUT} に変換した等価回路が図 11.23(b) である．

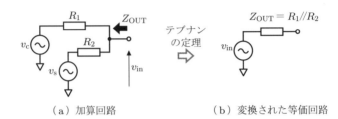

(a) 加算回路　　　　(b) 変換された等価回路

図 11.23　テブナンの定理による変換

等価電源 v_{in} は重ね合わせの理で求められる．図 11.24(a), (b) は，v_c または v_s の片方の電源のみで考えた回路であり，v_{in} は次式で求められる．

$$v_{in}' = \frac{R_2 v_c}{R_1 + R_2}, \qquad v_{in}'' = \frac{R_1 v_s}{R_1 + R_2}$$

$$v_{in} = v_{in}' + v_{in}'' = \frac{v_c R_2 + v_s R_1}{R_1 + R_2} \tag{11.16}$$

v_{in} は v_c と v_s を加算した信号となる．

なお，図 11.23(b) の等価抵抗 Z_{OUT} は，図 11.23(a) の出力インピーダンス $Z_{OUT} = R_1 // R_2$ である．

(a) v_c のみ　　　　(b) v_s のみ

図 11.24　重ね合わせの理を用いた解法

4 整流回路

図 11.25 はトランジスタの静特性 (V_{BE}-I_B) と図 11.22 の v_{be} と i_b の波形である．ベース抵抗 R_B によってベースバイアス電流はわずかに流れ，動作点 P は I_B の立ち上がり箇所になる．i_b は，V_{BE}-I_B の非線形特性により整流された波形となる．

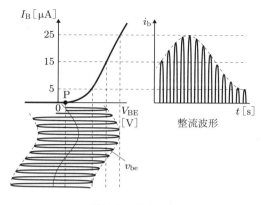

図 11.25　整流回路

5 整流波形

▶ **整流波形の分解**　図 11.26 左の i_c は図 11.22 のコレクタ電流であり，その値は図 11.25 の i_b の h_{fe} (100) 倍である．図 11.26 右の i_c は，図右の i_{AM} と i_2 に分解でき，次式が成り立つ．

$$i_c = i_{AM} + i_2 \tag{11.17}$$

図中の α と β の値を式(11.17)に代入すると次式となり，i_c が i_{AM} と i_2 に分解できることがわかる．

$\alpha : 2A + 2B = (A + B) + (A + B)$

$\beta : 0 = -(A + B) + (A + B)$

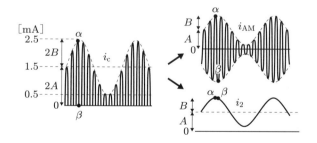

図 11.26　波形の分解

▶ **整流波形 i_c の式**　式(11.17)の i_{AM} は，式(11.13)よりつぎのとおりである．

$$i_{AM} = \underbrace{A \cos \omega_c t}_{①} + 0.5B [\underbrace{\cos (\omega_c + \omega_s) t}_{②} + \underbrace{\cos (\omega_c - \omega_s) t}_{③}] \tag{11.18}$$

また，i_2 は次式で表される．

$$i_2 = \underbrace{A}_{④} + \underbrace{B\cos\omega_s t}_{⑤} \tag{11.19}$$

▶ **整流波形のスペクトル**　図 11.27 は整流波形 i_c のスペクトルである．図中に式(11.18)，(11.19)の①～⑤の周波数成分を示す．バンドパスフィルタ（BPF）を用いて i_c の周波数成分①～③のみ取り出すことで，i_c より i_{AM} を抽出することができる．

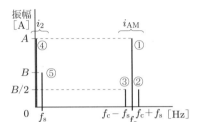

図 11.27　整流波形のスペクトル

6 共振回路

図 11.22 のトランジスタの出力部は，トランスを介して負荷であるアンテナが接続される．この負荷の接続方法をトランス結合という．

トランスの 1 次側のインダクタンス L_1 にコンデンサ C_1 を並列に接続することにより並列共振回路が構成される．並列共振回路は BPF の特性をもつため，図 11.27 のスペクトルより i_{AM} のみを取り出すことができる．

▶ **等価回路**　図 11.28(a) は，図 11.22 の出力部の等価回路である．トランジスタのコレクタ・エミッタ間は交流電流源に，アンテナは抵抗 R_L に置き換えられる．

図 11.28(b) は図 11.28(a) の交流回路である．ここで，R_1 はトランスの 1 次側よりみたときの入力インピーダンスである（式(11.5)）．

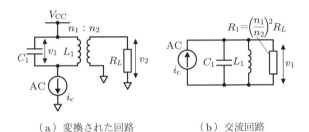

（a）変換された回路　　（b）交流回路

図 11.28　出力部の等価回路

▶ **1 次電圧 v_1 と出力電圧 v_2**

〈周波数特性〉　図 11.29 の灰色の線は，図 11.28 の交流電源 i_c の周波数を変化させたときの v_1 の振幅特性である．共振周波数 f_0 を中心に BPF の特性を示す．共振時 f_0 の v_1 の値は $R_1 i_c$ である．

〈i_c が整流波形のときの v_1〉　図 11.29 の①～⑤の成分は，交流電源の i_c を図 11.26 左

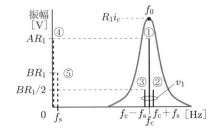

図 11.29　共振回路の特性と出力のスペクトル

側の整流波形にしたときの v_1 のスペクトルである．各成分の電圧は，図 11.27 の電流値に R_1 を掛けた値である．

共振周波数 f_0 を搬送波の周波数 f_c と一致させると，①～③の AM 波は BPF の帯域内になるため次式の v_1 として現れる．

$$v_1 = R_1 i_{AM} \tag{11.20}$$

一方，バイアスと信号波の成分④，⑤は，BPF の帯域外のため，減衰して v_1 には現れない．図 11.30 に v_1 の波形を示す．

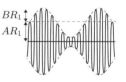

図 11.30　1 次電圧 v_1

〈**出力電圧 v_2**〉　負荷 R_L（アンテナ）に加わる出力電圧 v_2 は，トランスの巻き数比より次式で表される．

$$v_2 = \left(\frac{n_2}{n_1}\right) v_1 \tag{11.21}$$

7 復調回路

図 11.31 は，復調回路（検波回路）である．復調回路に AM 波 v_{AM} を入力すると，出力電圧 v_{out} には AM 波の包絡線部分が取り出される．この操作を**包絡線検波**という．復調回路のしくみは 1.4 節の半波整流回路と同じである．包絡線検波では，小さなレベルの AM 波が検波できるように，降下電圧の小さいショットキーバリアダイオード（SBD）が用いられる．

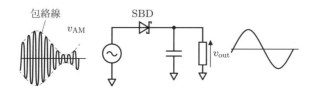

図 11.31　復調回路

■ **問題**

11.3-1【ブロック構成】図 11.32 は振幅変調器（ベース変調方式）のブロック図である．つぎの問いの答えなさい．

(1) ①～④に該当する適切な言葉をつぎから選びなさい．
　　整流器　　共振器　　音声信号　　加算器　　乗算器　　発振器
(2) 矢印に流れる波形を図 11.33 の波形より選びなさい．不足している波形は書き足すこと．

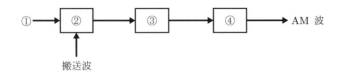

図 11.32

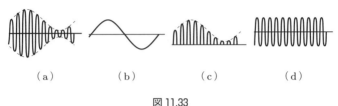

図 11.33

11.3-2【回路構成】 図 11.34 の振幅変調回路においてつぎの問いに答えなさい．
(1) 「加算回路」,「整流回路」,「共振回路」の部分を破線で囲って示しなさい．
(2) v_{be}, i_b, i_c, v_1, v_2 の各波形を描きなさい．

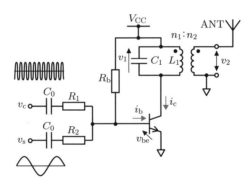

図 11.34

11.3-3【加算回路】 図 11.34 の加算回路の部分を等価抵抗一つと等価電源一つで表しなさい．コンデンサのインピーダンスは小さいものとする．

11.3-4【整流回路】 図 11.35 にトランジスタの静特性とベース・エミッタ間に加わる信号 v_{be} が示されている．つぎの問いに答えなさい．
(1) ベース電流 i_b をグラフに描きなさい．
(2) コレクタ電流 i_c を描きなさい．トランジスタは $h_{fe} = 100$ とする．

11.3-5【波形の分解】 図 11.36(a)は，コレクタ電流 i_c を i_{AM} と i_2 に分解した波形である．つぎの問いに答えなさい．
(1) i_{AM} の波形を描きなさい．
(2) 波形 i_{AM} と波形 i_2 を式で表しなさい．i_{AM} は式を展開し，各周波数成分に分けて

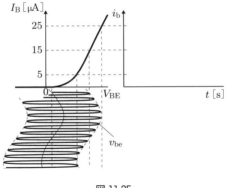

図 11.35

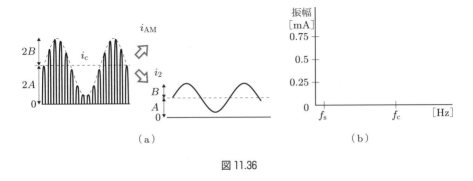

図 11.36

表示すること.
(3) 波形 i_c のスペクトルを図 11.36(b) に描きなさい. また, 波形 i_{AM} のみ取り出す方法を考えなさい.

11.3-6【共振回路】 図 11.34 において, つぎの問いに答えなさい. アンテナの入力インピーダンス R_L は 100 Ω, トランス巻数比は $n_1 : n_2 = 10 : 1$ とする.
(1) 共振回路部の信号に対する等価回路を描きなさい.
(2) 共振周波数 f_0 を求めなさい. $L_1 = 100$ μH, $C_1 = 253$ pF とする.
(3) コレクタ電流 $i_c = 1$ mA の周波数を変化させたときのトランスの 1 次電圧 v_1 の周波数特性のグラフを図 11.37 に描きなさい.
(4) コレクタ電流 i_c に図 11.36(a) の整流波形が流れたときの v_1 のスペクトルを図 11.37 に描きなさい. 搬送波の周波数 f_c とトランスの 1 次側の共振周波数 f_0 は同じとする.
(5) (4) のときの v_1 の式を求め, その波形を描きなさい.
(6) アンテナに加わる電圧 v_2 の波形を描きなさい.

11.3-7【復調回路】 つぎの問いに答えなさい.
(1) 理想ダイオードを用いて平滑コンデンサを追加した半波整流回路を描きなさい.

(2) (1)の半波整流回路に AM 波が入力された．そのときの出力波形を描きなさい．
(3) 復調回路のダイオードにはショットキーバリアダイオードが用いられる理由を述べなさい．

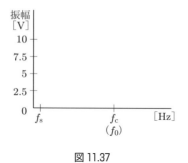

図 11.37

第 12 章

発振回路

　発振回路は，特定の周波数の信号を生成する回路であり，コンピュータや時計のクロック，携帯電話の高周波信号，音源の信号など，いろいろな用途で多くの電子機器に組み込まれている．

　この章では，はじめに発振回路のしくみを説明する．つぎに，高周波信号の生成によく用いられるコルピッツ回路と水晶発振回路について説明し，最後にパルス波を生成する CR 発振回路について説明する．

12.1 発振回路の基礎

ここでは,はじめに発振回路のしくみについて説明し,その後,LC 発振の基本であるコレクタ同調型 LC 発振回路のしくみについて説明する.この回路は,発振回路のしくみを理解するのに適している.

1 発振回路について

▶ **発振の原理** 図 12.1 は拡声器のシステム図である.マイクとスピーカーを近づけると,スピーカーから「ピー」という音が発生する.この現象はハウリングとよばれ,マイクより出力された小さなノイズが増幅器に入力することにより起こる.ノイズは増幅器で増幅され,スピーカーより音として出力される.スピーカーの音がマイクに入り,マイクの出力信号は再び増幅器で増幅される.この繰り返しによりノイズは徐々に増幅され,最終的には増幅器の最大出力電圧まで増幅されて大きな音が鳴り続ける.発振回路の原理はこれと同じである.

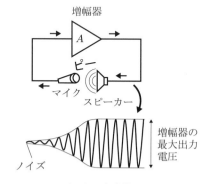

図 12.1 拡声器のハウリング

▶ **発振回路の構成図**(図 12.2) 発振回路は,増幅度 A の増幅器と帰還回路がループ状となって構成される.増幅器の入力に小さなノイズ電圧 v_{in} があったとき,それは増幅されて増幅器の出力信号 v_{out} となる.v_{out} は帰還回路に入り,その出力に帰還電圧 v_β が現れる.v_β は入力信号 v_{in} と同じ位相で増幅器の入力に戻され,再び増幅器で増幅される.この繰り返し

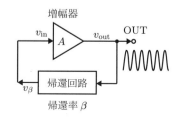

図 12.2 発振回路の構成図

により,信号は増幅器より出力し続ける.このように,出力信号を入力信号と同じ位相にして入力に戻すことを**正帰還**という.

帰還回路は**帰還率** β とよばれるパラメータをもつ.これは,増幅器の出力を入力に戻す割合であり,次式で与えられる.

$$\beta = \frac{v_\beta}{v_{out}} \tag{12.1}$$

▶ **発振回路の種類**　発振回路は，帰還回路で用いる部品によって，RC 発振回路，LC 発振回路，水晶発振回路に分けられる．各回路の特徴と用途をまとめる．

〈RC 発振回路〉　図 12.2 の帰還回路に抵抗とコンデンサを用いた発振回路である．RC 発振回路は，安価な RC を用いて作ることができるが，周波数安定度がわるいのが欠点である．RC 発振回路は，アラーム音やデジタル回路のクロックなどに用いられる．

〈LC 発振回路〉　帰還回路にコイルとコンデンサを用いた発振回路である．RC 発振回路より周波数安定度を高くすることができ，高周波回路で用いられる．

〈水晶発振回路〉　帰還回路に水晶振動子を用いた回路である．水晶発振回路の周波数安定度はきわめて高いため，時計やコンピュータのクロック，無線通信の高周波信号など，周波数精度を必要とする箇所で用いられる．

▶ **発振条件**　図 12.2 の回路を発振させるためには，発振条件を満たす必要がある．発振条件には，位相条件と振幅条件の二つがある．

・位相条件：帰還回路の出力信号の位相 $\angle v_\beta$ は，入力信号の位相 $\angle v_{\text{in}}$ と同じである．

$$\angle v_{\text{in}} = \angle v_\beta \tag{12.2}$$

・振幅条件：帰還回路の出力信号レベル v_β は，入力信号 v_{in} より大きい．

$$v_{\text{in}} < v_\beta \tag{12.3}$$

また，v_β は式 (12.1) よりつぎのように表すことができる．

$$v_\beta = \beta A v_{\text{in}} \tag{12.4}$$

式 (12.4) を式 (12.3) に代入すると，振幅条件はつぎのように表すことができる．

$$\beta A > 1 \tag{12.5}$$

2 コレクタ同調型 LC 発振回路

▶ **構造**　図 12.3 がコレクタ同調型 LC 発振回路である．トランジスタのコレクタ部に同調回路（共振回路）が取り付けられており，この共振周波数によって発振周波数が決定される．この発振回路の帰還回路は，トランスとコンデンサ C である．L はトランスの 1 次側のインダクタンスである．C_C はカップリングコンデンサで，そのインピーダンスは十分小さな値とする．トランスは大型でコストが高いため，この回路は実際にはあまり使用されないが，発振回路のしくみを理解するのに適しているため，ここで取り上げる．

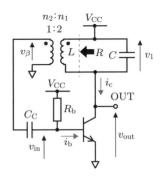

図 12.3　コレクタ同調型 LC 発振回路

▶ **動作**　図 12.4 は，回路各部の電圧と電流を複素

平面上にベクトルで示した図である．各信号（v_{in}, i_b, i_c, v_1, v_β）は，すべて同相である．本来これらの矢印は原点より描かれ，同一軸上に示されるが，矢印が重なりわかりにくくなるため，上下にずらして表示する．以下に各部の電圧と電流の状態について解説する．

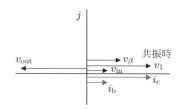

図 12.4　複素平面上に表示された各部の電圧と電流

トランジスタのベースに入力信号 v_{in} が加わったとする．ベースに流れる電流 i_b は，次式で表される．

$$i_b = \frac{v_{in}}{h_{ie}} \tag{12.6}$$

ここで，h_{ie} はトランジスタの入力抵抗であり，実数であるため，v_{in} と i_b は同相である．また，コレクタ電流 i_c は i_b を h_{fe} 倍したものであるため，i_b と同相である．

図 12.5(a) の回路は，図 12.3 のトランジスタのコレクタ部の等価回路であり，コ

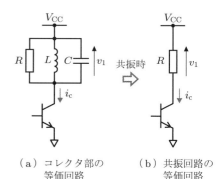

(a) コレクタ部の等価回路　　(b) 共振回路の等価回路

図 12.5　コレクタ部の等価回路

レクタ部は L，C，R の並列共振回路が構成される．R はトランスの 1 次側（右側）よりみた入力インピーダンスであり，以下の式で求められる．

$$R = \left(\frac{n_1}{n_2}\right)^2 (h_{ie} /\!/ R_b) \tag{12.7}$$

さらに，共振周波数においては，LC 共振回路のインピーダンスは ∞ となるため，図 12.5(b) の回路に置き換えて考えることができる．共振時の負荷は R のみのため，i_c と v_1 は同相である．そしてトランスの 2 次側の帰還電圧 v_β は，v_1 と同相である．これらの結果より v_{in} と v_β は同相となり，位相条件が満たされる．なお，出力電圧 v_{out} は v_1 と逆相である．

▶ **発振周波数**　発振回路は，位相条件（$\angle v_{in} = \angle v_\beta$）を満たす周波数で発振する．それは，コレクタ部に接続された共振回路が共振する周波数である．図 12.6 に図 12.5(a) の LCR 並列共振回路の i_c を基準とした v_1 の位相特性を示す．横軸が i_c の周波数である．$\angle v_1$ と $\angle i_c$ は，共振周

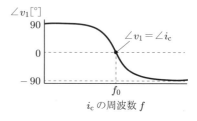

図 12.6　並列共振回路の位相特性

波数 f_0 のみで一致する．したがって，発振周波数 f_{osc} は LC 共振の周波数 f_0 であり，次式で表される．

$$f_{\mathrm{osc}} = f_0 = \frac{1}{2\pi\sqrt{LC}} \tag{12.8}$$

■ 問題

12.1-1【用途】携帯電話内で使われている発振回路の用途を答えなさい．

12.1-2【発振の原理】図 12.7 は発振回路のブロック図である．つぎの問いに答えなさい．
(1) 発振するための二つの条件を挙げなさい．
(2) 発振時，振幅条件 $A\beta > 1$ を満たすことを証明しなさい．
(3) 出力信号 v_{out} の振幅が最終的に一定となる理由を述べなさい．

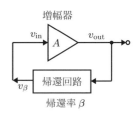

図 12.7

12.1-3【コレクタ同調型発振回路】図 12.8(a) の回路においてつぎの問いに答えなさい．C_{C} の容量は十分大きく無視できるものとする．
(1) LC が共振する周波数の入力信号 v_{in} を加えたとき，各信号（i_{b}，i_{c}，v_1，v_β，v_{out}）のベクトルを図 12.8(b) の極座標上に描きなさい．v_β は帰還電圧である．振幅値は概略でよい．
(2) この回路の発振周波数 f_{osc} を求めなさい．

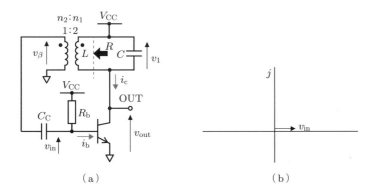

図 12.8

12.2 コルピッツ発振回路と水晶発振回路

　ここでは，はじめにコルピッツ発振回路について説明し，その後，実際のシステムによく用いられる水晶発振回路のしくみについて説明する．コルピッツ回路は，水晶発振回路を理解するのに必要となるため，よく理解しておく必要がある．

1 コルピッツ発振回路

　コルピッツ発振回路（図 12.9）は，トランスが使われないため，小形，安価で製作でき，よく用いられる発振回路である．

▶ 回路のしくみ

〈直流回路と交流回路〉　図 12.10(a) は，図 12.9 の直流回路である．コンデンサの直流に対するインピーダンスは∞であるため，すべてのコンデンサは取り除かれる．この回路は電流帰還バイアス回路である．

　図 12.10(b) は，図 12.9 の交流回路である．抵抗値は，コイルやコンデンサのインピーダンスと比較して十分大きいものとして取り除かれる．また C_C はカップリングコンデンサであり，ショートされる．

〈発振回路の基本形〉　図 12.11(a) は，図 12.10(b) のコルピッツ発振回路を変形した回路であり，コルピッツ発振回路の基本形である．

　図 12.11(b) は，ハートレー発振回路の基本形である．ハートレー型は，コルピッツ型の L と C を逆にして構成される．

　コルピッツ型は，使用するコイルが一つなのに対してハートレー型は二つであ

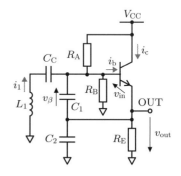

図 12.9　コルピッツ発振回路

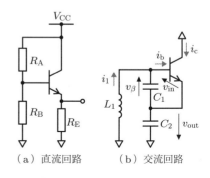

（a）直流回路　　　　（b）交流回路

図 12.10　コルピッツ発振回路の分解

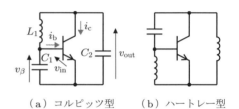

（a）コルピッツ型　　　（b）ハートレー型

図 12.11　発振回路の基本形

る．コイルはコンデンサと比較すると Q の値が低く性能面で劣っているうえ，価格が高いため，コルピッツ型のほうがよく用いられる．

〈等価回路〉 図 12.12 は，図 12.11(a) のコルピッツ発振回路の等価回路である．トランジスタは，h パラメータを用いた等価回路に置き換えられる．R は，トランジスタの出力アドミタンス h_{oe} の逆数である（図 4.5 参照）．X_{L_1} は L_1 の誘導性リアクタンス（$= \omega L_1$），X_{C_1} は C_1 の容量性リアクタンス（$= 1/\omega C_1$）である．ここで $h_{ie} \gg X_{C_1}$ とすると，図 12.12 は，図 12.13(a) のように h_{ie} を無視して考えることができる．また，X_{L_1} と X_{C_1} の合成リアクタンス X は次式で求めることができる．

$$X = X_{L_1} - X_{C_1} \qquad (12.9)$$

ここで $X_{L_1} > X_{C_1}$ とすると，合成リアクタンス X の符号はプラスとなり，図 12.13(a) の X_{L_1} と X_{C_1} は，図 12.13(b) の誘導性リアクタンス X_L に置き換えられる．さらに図 12.13(b) のコイルとコンデンサが共振したとき（$X_L = X_{C_2}$），図 12.13(b) の LC 並列共振回路はインピーダンスが ∞ となるため，図 12.13(c) の回路に簡略化できる．

〈各部の電圧電流〉 図 12.14 は，各部の電圧電流を複素平面上にベクトルで表した図である．図 12.12 のトランジスタの入力インピーダンス h_{ie} に入力電圧 v_{in} が加わったとき，ベース電流 i_b とコレクタ電流 i_c は同相である．図 12.13(c) の共振時の出力電圧 v_{out} は次式で表され，コレクタ電流 i_c と逆相である．

$$v_{out} = -R i_c \qquad (12.10)$$

このとき，図 12.13(b) の X_L に流れる電

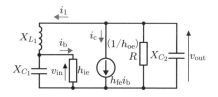

図 12.12 コルピッツ発振回路の等価回路

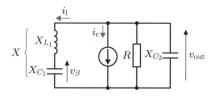

(a) $h_{ie} \gg X_{C_1}$ による簡略化

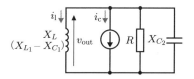

(b) $X_{L_1} > X_{C_1}$ による簡略化

(c) 共振による簡略化

図 12.13 簡略化された等価回路

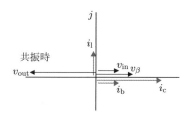

図 12.14 複素平面上に表示された各部の電圧と電流

流 i_1 は次式で与えられ，その位相は v_out より 90°だけ遅れる．

$$i_1 = \frac{v_\text{out}}{jX_L} = -j\frac{v_\text{out}}{X_L} \tag{12.11}$$

また，図 12.13(a)の帰還電圧 v_β は次式で与えられ，その位相は i_1 より 90°だけ遅れる．

$$v_\beta = -jX_{C_1}i_1 \tag{12.12}$$

これらの結果より v_in と v_β は同位相となり，位相条件を満たす．

〈発振周波数〉 図 12.14 において位相条件を満たすのは，図 12.13(b)のコイルとコンデンサが並列共振したときである．したがって，以下の式が成り立つとき，この回路は発振する．

$$X_L = X_{C_2} \tag{12.13}$$

式(12.13)を以下のように変形して発振周波数を求める．

$$X_{L_1} - X_{C_1} = X_{C_2}$$

$$\omega L_1 - \frac{1}{\omega C_1} = \frac{1}{\omega C_2} \tag{12.14}$$

$$\omega^2 = \frac{1}{L_1}\left(\frac{1}{C_1} + \frac{1}{C_2}\right) \tag{12.15}$$

C_1 と C_2 の直列容量を C と定義すると，式(12.15)は次式で表すことができる．

$$\omega^2 = \frac{1}{L_1}\frac{1}{C} \tag{12.16}$$

ここで，$C = C_1C_2/(C_1+C_2)$ である．式(12.16)より，発振周波数 f_osc は次式となる．

$$f_\text{osc} = \frac{1}{2\pi\sqrt{L_1 C}} \tag{12.17}$$

2 水晶発振回路

水晶発振回路は，帰還回路に水晶振動子を用いた回路である．

▶ **水晶振動子とセラミック発振子** 図 12.15(a)が実際の水晶振動子の写真である．水晶振動子は，固有の発振周波数（公称周波数）をもっており，これを帰還回路に用いるとその公称周波数で発振する．製造メーカーより，さまざまな周波数の水晶振動子が販売されており，用途に合わせて選ぶことができる．

図 12.15(b)はセラミック発振

（a）水晶振動子　　（b）セラミック発振子

図 12.15　実際の振動子

子である．セラミック発振子を用いた発振回路の周波数安定度は水晶発振回路より劣るが，安価で小形であるため，水晶振動子の代わりに用いられる．

▶ **水晶振動子（セラミック発振子）の回路記号と等価回路**　図 12.16(a)は水晶振動子の回路記号である．回路記号の左上に書かれた周波数が，水晶振動子の公称周波数である．

図 12.16(b)は水晶振動子の等価回路である．抵抗 R_0 は小さい値であるため，省略して図 12.16(c)の回路として扱うことができる．

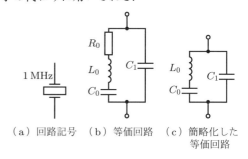

図 12.16　水晶振動子の回路記号と等価回路

なお，セラミック発振子の回路記号と等価回路は，水晶振動子と同じである．

▶ **水晶振動子のリアクタンス特性**　図 12.17 に水晶振動子のリアクタンス特性を示す．周波数 f_1 で L_0 と C_0 の直列共振，f_2 で L_1 と C_1 の並列共振が起こる．ここで，L_1 は L_0 と C_0 で構成される合成インダクタンスである．水晶振動子は，$f_1 \sim f_2$ の間で誘導性リアクタンス（コイル）として動作する．$f_1 \sim f_2$ の周波数範囲はたいへん狭く，この周波数間で水晶振動子の公称周波数は設定される．

▶ **動作**　図 12.18 の水晶発振回路は，水晶発振子の公称周波数（1 MHz）で発振する．水晶発振回路が発振するしくみを解説しよう．

図 12.18 の回路は，水晶振動子 X_1 が誘導性リアクタンスのときに，図 12.9 のコルピッツ発振回路と同じ動作をして発振する．そのときのインダクタンス L_1 の値は式(12.17)で求められる．そして，その L_1 の値は，水晶振動子の誘導性リアクタンス範囲 $f_1 \sim f_2$ のどこかにある．したがって，図 12.18 の発振回路は水晶発振子の公称周波数で発振する．

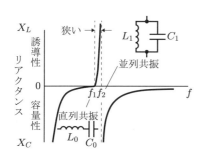

図 12.17　水晶振動子のリアクタンス特性

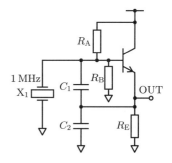

図 12.18　水晶発振回路

3 インバータを用いた水晶発振回路

▶ **構成と等価回路** 図 12.19 はインバータを用いた水晶発振回路である．少ない部品で発振回路を構成できるため，多くの装置に用いられている．

インバータの入出力間に接続される抵抗 R_f は，負帰還抵抗である．インバータ出力のバイアス電圧を入力に戻すことで負帰還がかかり，出力バイアス電圧は入力の閾値電圧となる．そして，インバータは反転増幅器として動作する．

図 12.20 は図 12.19 の等価回路である．水晶振動子 X_1 は，コイル L に置き換えられる．R_f は大きな値であり，省略される．

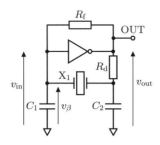

図 12.19 インバータを用いた水晶発振回路

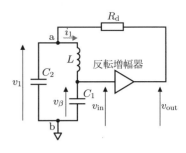

図 12.20 水晶発振回路の等価回路

▶ **動作** 図 12.21 は，図 12.20 の各部の電圧と電流を複素平面上に示したものである．入力電圧 v_{in} は，反転増幅器によって逆位相で増幅され，v_{out} として出力される．

図 12.20 で L，C_1，C_2 の回路で並列共振が起こったとき，a – b 間のインピーダンスは∞となり，v_1 と v_{out} は等しくなる．このとき，コイルに流れる

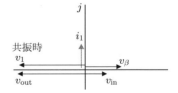

図 12.21 複素平面上に表示された各部の電圧と電流

電流 i_1 の位相は v_1 より 90°だけ遅れる（式(12.11)参照）．そして，コンデンサに加わる帰還電圧 v_β の位相は i_1 より 90°だけ遅れて v_{in} と同じになる（式(12.12)参照）．こうして図 12.20 の回路は，位相条件（$\angle v_{in} = \angle v_\beta$）を満たし，水晶振動子の公称周波数で発振する．

■ 問題

12.2-1【コルピッツ発振回路】つぎの問いに答えなさい．C_C の容量は十分大きいものとする．
  (1) 図 12.22(a)の直流回路を描き，そのバイアス回路の名称を答えなさい．
  (2) 図 12.22(b)は図 12.22(a)の交流に対する回路である．破線の枠内にコンデンサか

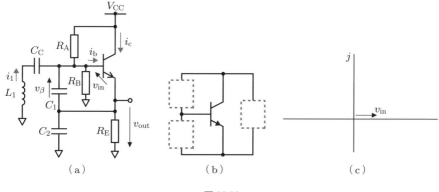

図 12.22

コイルを入れて完成させなさい．また，各電圧と電流の矢印を図中に記入しなさい．ただし，抵抗値は十分大きく無視できるものとする．

(3) 発振回路の小信号における等価回路を描きなさい．
(4) $h_{ie} \gg X_{C_1}$, $X_{L_1} > X_{C_1}$ であるときの等価回路を描きなさい．なお，X_{C_1} は C_1 の容量性リアクタンス，X_{L_1} は L_1 の誘導性リアクタンスである．
(5) (4) の回路に共振周波数のコレクタ電流 i_c が流れたとき，出力信号 v_{out} を求めなさい．
(6) 共振周波数の入力信号 v_{in} を加えたとき，各信号（i_b, i_c, i_1, v_{out}, v_β）のベクトルを図 12.22(c) の極座標上に描きなさい．v_β は帰還電圧である．振幅値は概略でよい．
(7) この回路の発振周波数 f_{osc} を求めなさい．

12.2-2【水晶発振回路】つぎの問いに答えなさい．

(1) 水晶振動子の回路記号と等価回路を描きなさい．
(2) 水晶振動子のリアクタンス特性のグラフを図 12.23(a) に描きなさい．
(3) 図 12.23(b) の回路に水晶振動子を追加して水晶発振回路を完成させなさい．

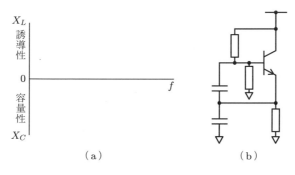

図 12.23

12.2-3【インバータを用いた水晶発振回路】 つぎの問いに答えなさい．

(1) 図 12.24(a) の水晶発振回路は図 12.24(b) の回路と等価である．図 12.24(b) に C と R の参照記号を描きなさい．

(2) 水晶振動子の公称周波数の入力電圧 v_{in} を加えたとき，各信号 (v_{out}, v_1, i_1, v_β) のベクトルを図 12.24(c) の極座標上に描き，位相条件が満たされることを示しなさい．

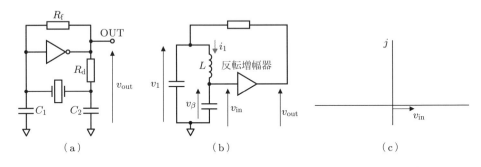

図 12.24

12.3 パルス発振回路

パルス信号は，アラーム音やディジタル回路のクロックとして用いられる．ここでは，シュミットトリガ入力をもつインバータ（シュミットトリガ・インバータ）を用いてパルス信号をつくる発振回路について説明する．

1 シュミットトリガ・インバータ

図 12.25(a)はインバータの評価回路である．図 12.25(b)はその入出力特性であり，入力電圧 V_{IN} が時間的に変化したときの出力電圧 V_{OUT} を示す．ここで，V_T はインバータ入力の閾値である．V_{OUT} は，V_{IN} が V_T より小さいとき HI（5 V），V_T を超えると LO（0 V）になる．

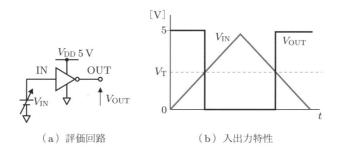

(a) 評価回路　　　　(b) 入出力特性

図 12.25　インバータ

図 12.26(a)はシュミットトリガ・インバータの評価回路であり，図 12.26(b)はその入出力特性である．ここで，V_P はインバータの出力が HI のときの閾値であり，V_N は出力が LO のときの閾値である．

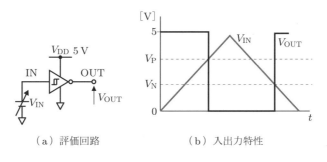

(a) 評価回路　　　　(b) 入出力特性

図 12.26　シュミットトリガ・インバータ

2 パルス発振回路

▶ **動作** 図12.27は、シュミットトリガ・インバータを用いたパルス発振回路である。RCで帰還回路が構成される。図12.28は、コンデンサCに加わる電圧V_Cと出力電圧V_{OUT}の時間変化である。V_Cの初期電圧は0Vであり、そのときのV_{OUT}はHI(V_{DD})である。その後、V_CはCRの過渡現象により徐々に上昇する。

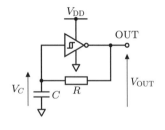

図12.27 パルス発振回路

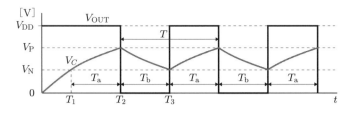

図12.28 V_CとV_{OUT}の時間変化

時間T_2でV_Cが閾値V_Pを超えるとV_{OUT}はLO(0V)になり、閾値はV_Nに変わる。そしてCに充電された電荷は放電されながら、V_Cは徐々に減少する。

時間T_3でV_Cが閾値V_Nを下回るとV_{OUT}はV_{DD}となり、再びV_Cは徐々に上昇する。この繰り返しにより、V_{OUT}は、HI/LOを繰り返し、パルス波が生成される。

▶ **発振周波数 f_{osc}** 図12.28のT_aとT_bの時間を過渡現象の式より計算し、発振周波数を求めてみよう。

〈T_bの時間〉 図12.29(a)は、図12.28の時間T_2～T_3の放電時の等価回路である。V_Cの初期電圧はV_Pであり、このときのV_{OUT}は0Vのため、インバータ出力はグランドに置き換えられる。図12.29(b)はその過渡特性である。V_Cは過渡現象の式より次式で与えられる。

$$V_C = V_P e^{-t/(CR)} \tag{12.18}$$

式(12.18)を変形すると、

$$t = CR \ln \frac{V_P}{V_C} \tag{12.19}$$

となる。

$t = T_b$のとき、$V_C = V_N$の条件を式(12.19)に代

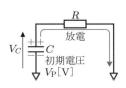

(a) 放電時の等価回路

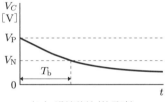

(b) 過渡特性(放電時)

図12.29 放電時の過渡現象

入すると次式となる．

$$T_b = CR \ln \frac{V_P}{V_N} \tag{12.20}$$

〈T_a の時間〉 図 12.30(a)は，図 12.28 の時間 0 〜 T_2 の充電時の等価回路である．このときの V_{OUT} は V_{DD} のため，インバータ出力は電源 V_{DD} に置き換えられる．図 12.30(b)はその過渡応答である．また，V_C は次式で与えられる．

$$V_C = V_{DD}(1 - e^{-t/(CR)}) \tag{12.21}$$

式 (12.21) を変形すると

$$t = CR \ln \frac{V_{DD}}{V_{DD} - V_C} \tag{12.22}$$

となる．

$t = T_1$, $V_C = V_N$ の条件を式 (12.22) に代入すると，

$$T_1 = CR \ln \frac{V_{DD}}{V_{DD} - V_N} \tag{12.23}$$

となる．

また，$t = T_2$, $V_C = V_P$ の条件を式 (12.22) に代入すると，次式となる．

$$T_2 = CR \ln \frac{V_{DD}}{V_{DD} - V_P} \tag{12.24}$$

T_a は T_2 から T_1 を引いた値であり，次式となる．

$$T_a = T_2 - T_1 = CR \ln \frac{V_{DD} - V_N}{V_{DD} - V_P} \tag{12.25}$$

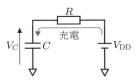
（a）充電時の等価回路

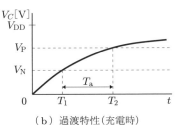
（b）過渡特性（充電時）

図 12.30 充電時の過渡現象

〈パルス波の周期〉 パルス波の周期 T はつぎのとおりである．

$$T = T_a + T_b = CR \ln \left(\frac{V_P}{V_N} \frac{V_{DD} - V_N}{V_{DD} - V_P} \right) \tag{12.26}$$

パルス波の発振周波数 f_{osc} は周期 T の逆数である．

$$f_{osc} = \frac{1}{T} \tag{12.27}$$

■ 問題

12.3-1【シュミットトリガ・インバータ】 入力信号 V_{IN} がグラフに示されている．つぎの問いに答えなさい．

(1) 図 12.31(a) のインバータ回路の出力電圧 V_{OUT} をグラフに描き加えなさい．V_{T} はインバータの閾値である．

(2) 図 12.31(b) のシュミットトリガ・インバータ回路の出力電圧 V_{OUT} をグラフに描き加えなさい．V_{P} はインバータの出力が HI のときの閾値，V_{N} は出力が LO のときの閾値である．

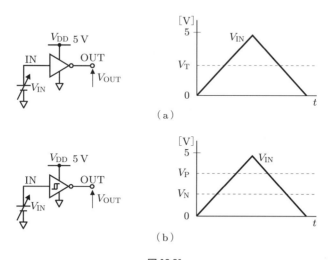

図 12.31

12.3-2【パルス発振回路】図 12.32 においてつぎの問いに答えなさい．

(1) V_{OUT} が図 12.33 のようになるとき，V_C の波形を図 12.33 のグラフに描き加えなさい．コンデンサの初期電圧はゼロとする．

(2) 時間 T_{b} を求めなさい．

(3) 時間 T_{a} を求めなさい．

(4) パルス波の周期 T と発振周波数 f_{osc} を求めなさい．

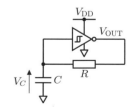

図 12.32

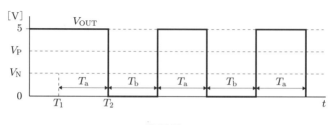

図 12.33

第 13 章

MOS FET

　MOS FET は，バイポーラトランジスタと比較する
とスイッチング速度，飽和電圧，駆動電力において優れ
ているため，モータやスイッチング電源などの電力を扱
う回路のスイッチング素子としてよく使われる．

　この章では，はじめに MOS FET の特徴と動作を説
明する．つぎにスイッチング動作について，最後に実用
回路としてモータ駆動で使う H ブリッジ回路について
説明する．

13.1 MOS FET の基礎

ここでは，はじめに MOS FET の基本事項や基本動作を説明する．つぎに構造や特性よりバイポーラトランジスタとの違いを説明し，最後に等価回路について説明する．

1 記号と端子名

図 13.1 は，実際の **MOS FET**（Field Effect Transistor．以後，FET）の写真である．FET に流す電流値によってサイズが異なる．FET は，**N チャンネル型**と **P チャンネル型**の 2 種類のタイプがあり，図 13.2 はそれらの回路記号である．三つの端子名は D：**ドレイン**，S：**ソース**，G：**ゲート**である．

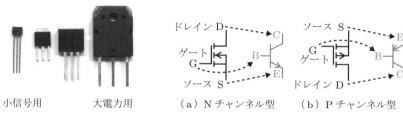

小信号用　　大電力用

図 13.1　実際の MOS FET

（a）N チャンネル型　（b）P チャンネル型

図 13.2　MOS FET 回路記号とバイポーラトランジスタとの端子対応

FET とバイポーラトランジスタ（以降，トランジスタ）は，よく似た動作をする．N チャンネル FET を NPN トランジスタ，P チャンネル FET を PNP トランジスタに対応させて考えると動作が理解しやすい．図 13.2 に FET とトランジスタの各端子の対応を示す．FET のドレイン，ソース，ゲートは，トランジスタのコレクタ，エミッタ，ベースにそれぞれ対応する．

品名は，N チャンネル型が 2SK（品番），P チャンネル型が 2SJ（品番）で表示される．

2 基本動作

図 13.3 は，N チャンネル FET と P チャンネル FET にバイアスを加えた回路である．どちらの回路もドレイン・ソース間電圧 V_{DS} とゲート・ソース間電圧 V_{GS} を加えると，

（a）N チャンネル型　（b）P チャンネル型

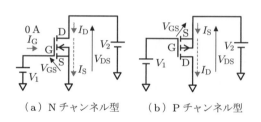

図 13.3　MOS FET の基本動作

ドレイン・ソース間に電流が流れる．FETのゲートの入力インピーダンスは非常に高く，ゲートに流れる電流（ゲート電流）I_G はほぼゼロである．そのため，ドレインに流れる電流（ドレイン電流）I_D とソースに流れる電流（ソース電流）I_S は等しい．トランジスタは電流駆動であったのに対し，FETは電圧駆動の素子である．

▶ **伝達特性**　図13.4は，図13.3の回路において $V_{DS} = 10\,\text{V}$ としたときの V_{GS}-I_D のグラフであり，**伝達特性**という．このFETでは，V_{GS} が2V以上になるとドレイン電流が流れ始める．I_D が流れ始めるゲート・ソース間電圧を**閾値電圧** V_T という．さらに V_{GS} 上げると，I_D は V_{GS} の変化にほぼ比例して増加する．V_T と立ち上がりの傾斜は，FETの種類により異なる．

▶ **出力特性**　図13.5は，図13.3の V_{DS}-I_D のグラフであり，$V_{GS} = 3, 4, 5\,\text{V}$ の場合を示している．このグラフを**出力特性**という．V_{DS} が低い範囲では，V_{DS} と I_D はほぼ比例関係にある．この領域を**線形領域**という．V_{DS} が高い範囲では，V_{DS} を変化させても I_D の変化はほとんどない．この範囲を**飽和領域**という．

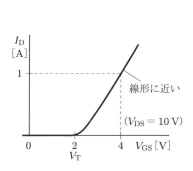

図 13.4　伝達特性

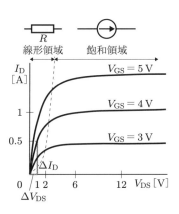

図 13.5　出力特性

3 等価回路

▶ **線形領域**　図13.6に線形領域におけるFETの等価回路を示す．図13.6(a)はNチャンネル型，図13.6(b)はPチャンネル型の場合である．FETのゲートは開放とみなされる．ドレイン・ソース間は，V_{GS} に制御される抵抗に置き換えられる．この抵抗を**オン抵**

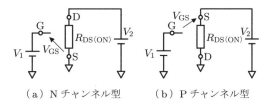

図 13.6　線形領域の等価回路

抗 $R_{DS(ON)}$ とよぶ．$R_{DS(ON)}$ は，図 13.5 の線形領域の V_{DS} の変化（ΔV_{DS}）と I_D の変化（ΔI_D）の比であり，次式となる．

$$R_{DS(ON)} = \frac{\Delta V_{DS}}{\Delta I_D} \tag{13.1}$$

図 13.5 からわかるように，V_{GS} を大きくするほど，$R_{DS(ON)}$ は小さくなる．

▶ **飽和領域** 図 13.7 に飽和領域の等価回路を示す．V_{DS} を変化させても I_D はほとんど変化しないため，ドレイン・ソース間は，V_{GS} に制御される電流源に置き換えられる．

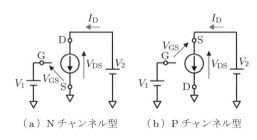

（a）N チャンネル型　　（b）P チャンネル型

図 13.7　飽和領域の等価回路

例題 13.1 図 13.5 の出力特性より $V_{GS} = 4\,\mathrm{V}$ のときのオン抵抗 $R_{DS(ON)}$ を求めなさい．
答え 式 (13.1) より，$R_{DS(ON)} = 1/0.5 = 2\,\Omega$．

■ **問題**

13.1-1【MOS FET の基本事項】 つぎの問いに答えなさい．
(1) MOS FET の N チャンネル型と P チャンネル型の回路記号と端子名を描きなさい．
(2) N チャンネル型と P チャンネル型 MOS FET の伝達特性を図 13.8(a) に描きなさい．閾値 $V_T = 2\,\mathrm{V}$，$V_{GS} = 4\,\mathrm{V}$ のとき $I_D = 1\,\mathrm{A}$ とする．
(3) 図 13.8(b) の出力特性において，線形領域と飽和領域を示しなさい．
(4) N チャンネル FET の線形領域における等価回路を描きなさい．
(5) 図 13.8(b) の出力特性より，$V_{GS} = 4\,\mathrm{V}$ のときのオン抵抗 $R_{DS(ON)}$ の値を求めなさい．
(6) N チャンネル FET の飽和領域における等価回路を描きなさい．

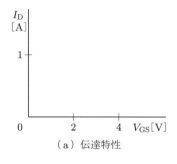

（a）伝達特性

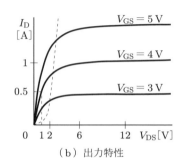

（b）出力特性

図 13.8

13.2 MOS FET を用いたスイッチング回路

ここでは，はじめに MOS FET を用いたスイッチング回路について説明する．つぎに，バイポーラトランジスタと比較して，MOS FET をスイッチング回路に用いた際の利点について説明する．最後に，モータ駆動で用いられる H ブリッジ回路について説明する．

1 Nチャンネル FET によるスイッチング回路

▶ **構造**　図 13.9 は，Nチャンネル FET を用いたスイッチング回路である．ドレインと電源間にドレイン抵抗 R_D が挿入され，ドレインより出力が取り出される．ゲートとグランド間には，ゲート抵抗 R_G が接続されている．FET の特性は 13.1 節で用いたものと同じとする．

▶ **スイッチング波形**　図 13.9 に入力電圧 V_{IN}（4 V のパルス波）がゲートに加えられたときのドレイン電流と出力電圧 V_{OUT} の波形を示す．ドレイン・ソース間は，V_{IN} が 0 V のとき OFF 状態のスイッチとして，V_{IN} が 4 V のとき ON 状態のスイッチとして動作する．

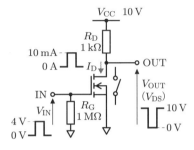

図 13.9　Nチャンネル FET のスイッチング回路

▶ **スイッチング動作のしくみ**　FET がスイッチとして動作するしくみについて解説しよう．

〈入力電圧 V_{IN} が 0 V のとき〉　図 13.9 の回路において，V_{IN} = 0 V のときを考える．V_{IN} が，V_T（2 V）より小さいとき，I_D は図 13.4 の伝達特性より 0 A である．図 13.10 は，V_{IN} = 0 V のときの等価回路である．FET は，スイッチ OFF の状態（開放）に置き換えられる．このとき，V_{OUT} = V_{CC}（10 V）である．

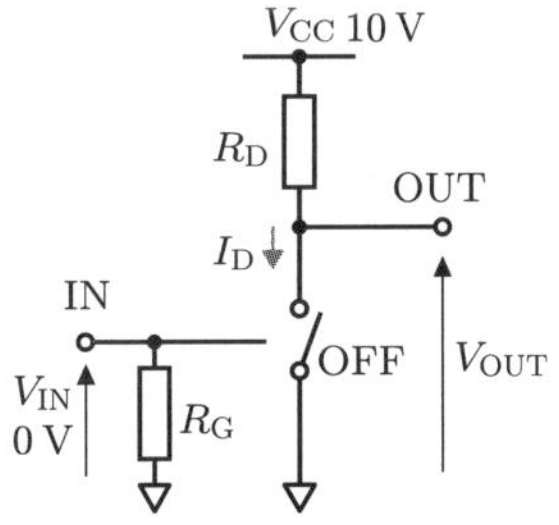

〈入力電圧 V_{IN} が 4 V のとき〉　図 13.9 の回路において，I_D と V_{OUT} の関係は次式で表される．

$$V_{OUT} = V_{CC} - I_D R_D \quad (13.2)$$

図 13.10　V_{IN} = 0 V のときの動作

図 13.4 で示した V_{GS}（V_{IN}）が 4 V のときの I_D = 1 A を式(13.2)に代入して計算すると，V_{OUT} < 0 V に計算されるが，実際の V_{OUT} はマイナスにはならない．図 13.5 で示したように，V_{DS}（V_{OUT}）が線形領域に入ると急激に I_D が低下するため，V_{OUT}

は線形領域のどこかに留まる．したがって，$V_{IN} = 4$ V のとき，FET は線形領域で抵抗として動作する．

図 13.11 は，FET が線形領域で抵抗として動作した際の等価回路である．FET のドレイン・ソース間はオン抵抗（$R_{DS(ON)} = 2$ Ω．例題 13.1 参照）に置き換えられる．このときの V_{OUT} は，分圧の公式より次式で求められる．

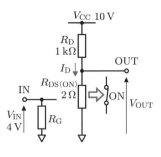

図 13.11　$V_{IN} = 4$ V のときの動作

$$V_{OUT} = \frac{R_{DS(ON)} V_{CC}}{R_{DS(ON)} + R_D} \quad (13.3)$$

式(13.3)を計算すると $V_{OUT} = 0.02$ V であり，ほぼゼロである．したがって，図 13.11 に示すように，オン抵抗は ON 状態のスイッチ（ショート）に置き換えて考えることができる．スイッチを ON にする際の V_{GS}（V_{IN}）の値は，式(13.3)の V_{OUT} が十分小さな値となるように設定される．

▶ **飽和電圧**　FET がスイッチ ON の状態のとき，式(13.3)で求めた V_{OUT} を飽和電圧 $V_{DS(ON)}$ という．$V_{DS(ON)}$ は，オン抵抗 $R_{DS(ON)}$ と I_D（$\fallingdotseq V_{CC}/R_D$）によって次式でも求めることができる．

$$V_{DS(ON)} = I_D R_{DS(ON)} \quad (13.4)$$

▶ **ゲート抵抗 R_G の必要性**　R_G は，ゲートがオープンのときに，ゲートの電位を 0 V にして安定した動作をするよう付けられる．R_G の抵抗は，スイッチング回路の入力インピーダンスが高くなるように大きな値にする．

2　P チャンネル FET によるスイッチング回路

図 13.12(a)は，P チャンネル FET を用いたスイッチング回路である．入力に V_{IN}（4 V のパルス波）が加えられたときの出力波形 V_{OUT} を示す．

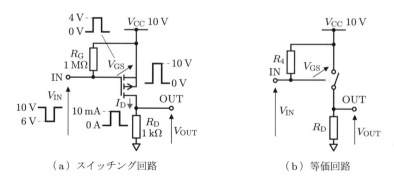

（a）スイッチング回路　　　　　（b）等価回路

図 13.12　P チャンネル FET のスイッチング動作

13.2 MOS FET を用いたスイッチング回路　**235**

▶ **スイッチング波形**　V_{IN} が 10 V のときは $V_{GS} = 0$ V であり，ドレイン電流 I_D = 0 A，$V_{OUT} = 0$ V になる．V_{IN} が 6 V のときは $V_{GS} = 4$ V であり，$I_D = 10$ mA，$V_{OUT} = 10$ V になる．

▶ **等価回路**　図 13.12 (b) は図 13.12 (a) の等価回路である．N チャンネル FET と同様にドレイン・ソース間はスイッチに置き換えられる．このスイッチは，V_{IN} = 6 V（$V_{GS} = 4$ V）のときに ON，$V_{IN} = 10$ V（$V_{GS} = 0$ V）のときに OFF となる．

3 FET を用いる利点

　FET をスイッチング素子として利用した回路は，飽和電圧，スイッチング速度，駆動電力の点でトランジスタより優れている．そのため，FET は重い（抵抗値の低い）負荷のスイッチングや高速スイッチングを必要とする箇所で用いられる．

▶ **飽和電圧**　飽和電圧によって負荷に加わる電圧は下がるため，できるかぎり小さいことが望まれる．トランジスタの飽和電圧 $V_{CE(sat)}$ は 0.1 〜 0.3 V 程度で，コレクタ電流が増えるほど大きくなる．一方，大電力用の FET（パワーMOS FET）は $R_{DS(ON)}$ が 10 mΩ 程度とたいへん小さく，FET の飽和電圧 $V_{DS(ON)}$ をトランジスタの飽和電圧 $V_{CE(sat)}$ より小さくできる．

▶ **電力損失**　飽和電圧が発生するとそこに電力損失があり，発熱が起こる．トランジスタの電力損失 P_C と FET の電力損失 P_D は，それぞれ次式で与えられる．

$$P_C = V_{CE(sat)}I_C \tag{13.5}$$
$$P_D = V_{DS(ON)}I_D \tag{13.6}$$

FET はトランジスタより飽和電圧を小さくできるため，同じ電流を流すのであれば電力損失や発熱が少ない．そのため，FET のほうが小形の素子を使うことができる．

例題 13.2　(1) バイポーラトランジスタのコレクタ電流 $I_C = 1$ A，飽和電圧 $V_{CE(sat)}$ = 0.2 V のとき，電力損失 P_C を求めなさい．
(2) FET のドレイン電流 $I_D = 1$ A，オン抵抗 $R_{DS(ON)} = 10$ mΩ のとき，飽和電圧 $V_{DS(ON)}$ と電力損失 P_D を求めなさい．

答え　(1) 式 (13.5) より $P_C = 0.2 \times 1 = 0.2$ W.
(2) 式 (13.4) より $V_{DS(ON)} = 1 \times 10 \times 10^{-3} = 10$ mV，式 (13.6) より $P_D = 10 \times 10^{-3} \times 1 = 10$ mW.

▶ **スイッチング速度**　図 13.13 は，図 13.9 の N チャンネル FET のスイッチング回路における入出力応答である．比較として，NPN トランジスタのスイッチング回路の入出力応答も示す．トランジスタの応答は，V_{IN} の立ち上がりと立ち下がりで遅

れる．FET のスイッチング速度はトランジスタよりも速い．トランジスタの V_{OUT} が 0 V まで下がらないのは，$V_{CE(sat)}$ の影響によるものである．

▶ **駆動電力**　トランジスタはスイッチング動作させるのにベース電流を流すため，駆動電力が必要であるのに対して，FET は電圧駆動のため駆動電力はほとんど必要ない．

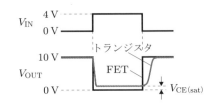

図 13.13　スイッチング応答

4　H ブリッジ・モータ駆動回路

▶ **スイッチで構成された H ブリッジ回路**

図 13.14 は四つのスイッチで構成されたモータを駆動する回路であり，H ブリッジ回路とよばれる．スイッチ SW_2，スイッチ SW_3 を ON にすると，電流はモータの＋から－へ流れ，モータは正転する．スイッチ SW_1，スイッチ SW_4 を ON にすると電流はモータの－から＋へ流れ，モータは逆転する．

▶ **FET で構成された H ブリッジ回路**

図 13.15 は，図 13.14 のスイッチ $SW_1 \sim SW_4$ を FET ($Q_1 \sim Q_4$) に置き換えた回路である．負荷に電流を吐き出すスイッチ (SW_1，SW_3) は P チャンネル FET に，負荷より電流を吸い込むスイッチ (SW_2，SW_4) は N チャンネル FET に置き換えられる．

表 13.1 は，H ブリッジ回路の各端子 ($G_1 \sim G_4$) に加わる電圧とモータの回転方向をまとめたものである．ここで HI = V_{CC}，LO = 0 V である．

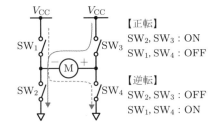

図 13.14　スイッチで構成された H ブリッジ回路

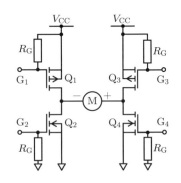

図 13.15　H ブリッジ回路

表 13.1　ブリッジ回路の端子電圧とモータの回転方向

回転	G_1	G_2	G_3	G_4
正転	HI	HI	LO	LO
逆転	LO	LO	HI	HI

13.2 MOS FET を用いたスイッチング回路

■ 問題

13.2-1【スイッチング回路】 FET の特性は，図 13.4，図 13.5 と同じである．つぎの問いに答えなさい．

(1) 図 13.16(a)において，$V_{IN} = 0$ V のときの等価回路を描きなさい．
(2) 図 13.16(a)において，$V_{IN} = 4$ V のときの等価回路を描きなさい．
(3) 図 13.16(a)の入力にパルス波が加わったときのドレイン電流 I_D と出力電圧 V_{OUT} の波形を描きなさい．
(4) ゲート抵抗の役割を述べなさい．
(5) 図 13.16(b)の入力にパルス波 V_{IN} が加わったときの I_D と V_{OUT} の波形を描きなさい．
(6) 図 13.16(a)の FET 回路の飽和電圧 $V_{DS(ON)}$ と電力損失 P_D を求めなさい．
(7) スイッチング素子に FET を使うことの利点を，スイッチング速度，飽和電圧，電力損失，駆動電力の観点よりトランジスタと比較して述べなさい．

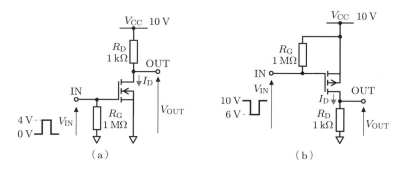

図 13.16

13.2-2【演習問題】 図 13.17 の FET はスイッチング動作するものとする．
(1) 図 13.17(a)のスイッチング回路は，入力インピーダンス Z_{IN} が 2 MΩ，LED 点灯

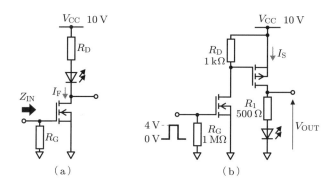

図 13.17

時に流す電流 I_F は 10 mA である．抵抗 R_G と R_D を求めなさい．LED の降下電圧は $V_D = 2$ V とする．

(2) 図 13.17(b) において，出力電圧波形 V_{OUT} とソース電流波形 I_S を求めなさい．

13.2-3【H ブリッジ回路】 図 13.18 の回路のモータを正転または逆転させるとき，四つの端子（$G_1 \sim G_4$）に加える電圧を HI/LO で答えなさい．ただし，HI = V_{CC}，LO = 0 V であり，FET はスイッチング動作するものとする．

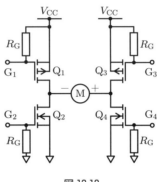

図 13.18

問題解答

第1章

1.1-1 (1), (2) 図1.1, 図1.2 参照 (3) 図1.3 参照. (4) ディスクリートタイプ：試作のとき基板に装着しやすい. 表面実装タイプ：小型で実装面積を小さくできる. (5) 整流回路, 定電圧回路, 逆接続保護回路, 論理回路, 復調回路など.

1.1-2 図1.4 参照

1.1-3 ④

1.1-4 (1) 図1.5, 図1.4 参照 (2) 利点：立ち上がり電圧が低い. 欠点：降伏電圧が低い, 逆方向電流が大きい.

1.2-1 (1) 図1.8 参照 (2) 解図1.1 参照 (3) 解図1.1

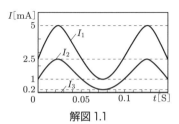

解図 1.1

1.2-2 $V_F = V_1 - v$. 解図1.2

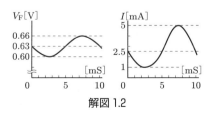

解図 1.2

1.2-3 (1), (2) 図1.11 参照

1.2-4 (1) 解図1.3. 図1.12(b)参照 (2) 解図1.4. 図1.13 参照 (3) 解図1.5

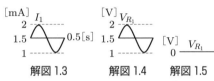

解図 1.3　解図 1.4　解図 1.5

1.3-1 図1.18, 図1.21(a)参照

1.3-2 (1) 図1.21 参照 (2) 図1.22 参照

1.3-3 ① $V_1 = 4.3$ V, $I_1 = 4.3$ mA ② $V_1 = 0$ V, $I_1 = 0$ A

1.3-4 (1) $V_1 = 5$ V, $I_1 = 10$ mA (2) $V_1 = 0$ V, $I_1 = 10$ mA (3) $V_1 = 8.6$ V, $I_1 = 8.6$ mA (4) $V_1 = 0$ V, $I_1 = 0$ A (5) $V_1 = 9.3$ V, $I_1 = 9.3$ mA (6) $V_1 = 10$ V, $I_1 = 0$ A (7) $V_1 = 8$ V (8) $V_1 = 0.7$ V, $I_1 = 0.175$ mA, $I_2 = 9.125$ mA (9) $V_1 = 0.5$ V, $I_1 = 0.5$ mA, $I_2 = 0$ A (10) $V_1 = 6.2$ V (11) $V_1 = 3.8$ V (12) $V_1 = 9.3$ V, $I_1 = 8.6$ mA (13) $V_1 = 2.7$ V, $I_1 = 1.3$ mA (14) $V_1 = 2.2$ V (15) $V_1 = 1.7$ V

1.3-5 それぞれ解図1.6 参照

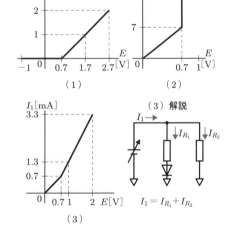

解図 1.6

1.4-1 解図1.7

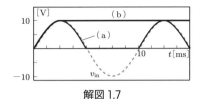

解図 1.7

1.4-2 (1), (2) 図1.32 参照

1.4-3 (1) ① 図1.35(a)参照 ② 図1.35(b)参照 (2), (3) 図1.34 参照

1.4-4 (1) ① 図1.37 参照 ② 図1.38 参照 (2) ショットキーバリアダイオード

1.5-1 a. 不安定　b. リップル　c. サージノイズ　d. 電気機器　e. 定電圧回路
1.5-2 (1) 図 1.45 参照　(2) 図 1.46 参照　(3) 表 1.1 参照
1.5-3 (1) 図 1.49 参照　(2) 図 1.50 参照　(3) 図 1.51 参照　(4) 図 1.52 参照　(5) 図 1.54 参照　(6) 50 mA
1.5-4 (1) 5 V　(2) 3 V　(3) 8 V　(4) 3 V　(5) 5.7 V　(6) 7.5 V
1.6-1 (1) 図 1.58 参照　(2) 図 1.59 参照
1.6-2 ① 図 1.60 参照　② 図 1.61 参照
1.6-3 (1), (2) 図 1.63 参照

第 2 章

2.1-1 (1), (2) 図 2.2 参照　(3) NPN：ベース，PNP：コレクタとエミッタ　(4) スイッチと増幅器
2.1-2 (1) (a) 図 2.5 参照　(b) 図 2.6 参照 (a), (b) $I_C = h_{FE} I_B$, $I_E = (1 + h_{FE}) I_B$ (2) $I_B = 10\ \mu A$, $I_E = 1.01$ mA. 例題 2.1 参照　(3) $I_B = 99\ \mu A$, $I_E = 9.9$ mA. 例題 2.1 参照　(4) 式(2.1)〜(2.3)参照 (5) (a) $I_E \fallingdotseq 1$ mA　(b) $I_C \fallingdotseq 10$ mA, $I_B = 100\ \mu A$. 例題 2.1 参照
2.1-3 2.1 節 ③参照
2.1-4 表 2.1 参照
2.1-5 図 2.7 参照

2.2-1 (1), (2) 例題 2.2 参照　(3) 例題 2.3 参照
2.2-2 $I_B = 5\ \mu A$, $I_C = 0.5$ mA, $V_{CE} = 5$ V. 例題 2.4 参照

2.3-1 (1) 表 2.4 参照　(2) $I_B = 30\ \mu A$ (3) 式(2.11)より $OD = 3$　(4) $I_B = 50\ \mu A$. よって，$R_B = (E - V_{BE})/I_B = 100$ kΩ
2.3-2 (1) $I_1 = 10$ mA, $V_2 = 0.5$ V. 図 2.18(a)参照　(2) 図 2.18(b)参照　(3) $I_C = 100$ mA　(4) $I_B = 9.6$ mA　(5) $I_B' = 1$ mA　(6) $OD = 9.6$ 倍
2.3-3 (1) 図 2.20，図 2.21 参照　(2) 図 2.22 参照　(3) 図 2.23 参照．$R_1 = (E - V_D)/I_1 = 800\ \Omega$
2.3-4 (1) $I_1 = 0.3$ mA　(2) 図 2.24(b) 参照　(3) $R_C = 300\ \Omega$. 例題 2.6 参照 (4) $R_B = 18.7$ kΩ
2.3-5 ① 図 2.25 参照　② 図 2.26 参照　③ 図 2.27 参照

2.4-1 (1) 9 V　(2) 9 V　(3) 8 V　(4) 8 V (5) 0 V　(6) $E - V_{BE} = 4.3$ V　(7) $I_C \fallingdotseq I_E = V_E/R_E = 4.3$ mA. よって，$V_1 = 5.7$ V (8) $V_1 = 0$ V, $V_2 = 5.7$ V　(9) 8 V　(10) 8.7 V
2.4-2 (1) ① 解図 2.1(a)　② 解図 2.1(b) ③ 解図 2.1(c)　④ 解図 2.1(d)　(2) ① 解図 2.2(a)　② 解図 2.2(a)　③ 解図 2.2(b) (3) 解図 2.2(c), (d)

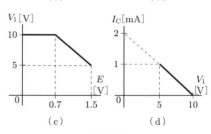

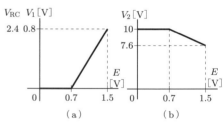

解図 2.1

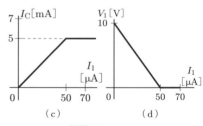

解図 2.2

第 3 章

3.1-1 (1) 図 3.3 参照　(2), (3) 図 3.2

参照　(4)，(5) 図 3.3 参照　(6) 式(3.3)より -80 倍　(7) トランジスタが非線形素子のため　(8) 図 3.4 参照　(9) 図 3.5 参照

3.1-2　(1) $V_1 = 0.71$ V．例題 3.1 参照
(2) 解図 3.1　(3) $A_\mathrm{v} = -120$ 倍

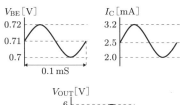

解図 3.1

3.2-1　(1)，(2) 図 3.12 参照　(3) 図 3.11 参照　(4) 図 3.12 参照
3.2-2　(1) 式(3.6)より $I_\mathrm{C} = 2$ mA，式(3.5)より $I_\mathrm{B} = 20$ μA，式(3.4)より $R_\mathrm{B} = 565$ kΩ
(2) $I_\mathrm{B} = 20.17$ μA ≒ 20 μA より $I_\mathrm{C} ≒ 2$ mA，$V_\mathrm{CE} ≒ 6$ V
3.2-3　(1) $R_\mathrm{B} = 1.14$ MΩ（$I_\mathrm{C} = 2$ mA，$I_\mathrm{B} = 10$ μA，$V_\mathrm{BE} = 0.6$ V）　(2) 図 3.14 参照　(3) 解図 3.2　(4) 解図 3.3　(5) 解図 3.4　(6) $A_\mathrm{v} = -135$ 倍

解図 3.2　　　解図 3.3

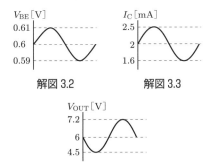

解図 3.4

3.3-1　(1) $I_\mathrm{C} = I_\mathrm{C}' + i_\mathrm{c}$　(2) $V_\mathrm{CE}' = V_\mathrm{CC} - R_\mathrm{C} I_\mathrm{C}'$，$v_\mathrm{ce} = -R_\mathrm{C} i_\mathrm{c}$　(3) 解図 3.5

解図 3.5

3.3-2　(1) $R_\mathrm{DC} = 5$ kΩ，解図 3.6 参照　(2) $R_\mathrm{AC} = R_\mathrm{C} // R_L = 2.5$ kΩ　(3) $V_\mathrm{CE}' = V_\mathrm{CC} - R_\mathrm{C} I_\mathrm{C}' = 5$ V，$v_\mathrm{ce} = -i_\mathrm{c} R_\mathrm{AC} = -1$ V
(4)，(5) 解図 3.6 参照　(6) カップリングコンデンサ．直流成分をカットする．(7) $V_{C_2} = 5$ V，V_OUT は解図 3.7

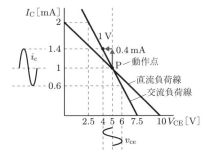

解図 3.6

解図 3.7

第 4 章

4.1-1　(1) 表 4.1 参照　(2) h_FE は直流，h_fe は交流に対する電流増幅率
4.1-2　(1) 図 4.3(b) 参照　(2) $h_\mathrm{ie} = 2.5$ kΩ．図 4.4 参照
4.1-3　(1) 式(4.3)より $i_\mathrm{b} = 5$ μA　(2) 式(4.4)より $i_\mathrm{c} = 0.5$ mA　(3) 式(4.5)より $v_\mathrm{out} = -0.5$ V　(4) $A_\mathrm{v} = -50$ 倍　(5) 式(4.3)〜(4.7) 参照
4.1-4　$h_\mathrm{ie1} ≒ 2.9$ kΩ，$h_\mathrm{ie2} ≒ 1.7$ kΩ．図 4.6 参照
4.1-5　(1) $h_\mathrm{fe} = 300$，$h_\mathrm{ie} = 7.5$ kΩ．h_fe は緩やかに増加，h_ie は減少　(2) $h_\mathrm{oe} = 4$ μS，$R = 250$ kΩ
4.1-6　(1) おおよそ $h_\mathrm{fe} = 110$，$h_\mathrm{ie} = 2.8$ kΩ
(2) 式(4.7)より $A_\mathrm{v} = -220$ 倍

4.2-1 図 4.12(c) 参照
4.2-2 (1) 解図 4.1 　(2) 図 4.14 参照 　(3) 解図 4.2 　(4) 解図 4.3 　(5) 図 4.16 参照

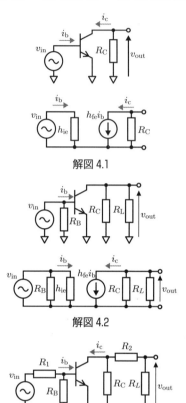

解図 4.1

解図 4.2

解図 4.3

4.2-3 (1) おおよそ $h_{fe} = 160$, $h_{ie} = 4.3$ kΩ 　(2) $R_B ≒ 1.8\,\text{MΩ}$, $R_C = 6\,\text{kΩ}$ 　(3) 図 4.14(b) 参照 　(4) 式 (4.8) より $A_v = -223$ 　(5) 式 (4.9) より $A_i = 160$ 　(6) 式 (4.10) より $A_p = 35680$ 　(7) 式 (4.11) より $Z_{IN} = 4.3\,\text{kΩ}$ 　(8) 式 (4.12) より $Z_{OUT} = 6\,\text{kΩ}$

4.2-4 (1) 図 4.16(c) 参照 　(2) 式 (4.13) より $A_v = -66.7$ 　(3) $v_{out} = -66.7\,\text{mV}$ 　(4) $i_{out} = v_{out}/R_L = -66.7\,\text{μA}$ 　(5) 式 (4.17) より $A_i = -26.7$ 　(6) 式 (4.18) より $A_p = 1781$ 　(7) 式 (4.19) より $Z_{IN} = 400$ Ω 　(8) 式 (4.20) より $Z_{OUT} = 670\,\text{Ω}$

4.3-1 図 4.20 参照
4.3-2 (1) $G_v = 20\,\log|A_v|\,[\text{dB}]$, $G_i = 20\log|A_i|\,[\text{dB}]$, $G_p = 10\log A_p\,[\text{dB}]$ 　(2) 表 4.2 参照
4.3-3 (1) $G_v = 40\,\text{dB}$ 　(2) $G_i = 12\,\text{dB}$ 　(3) $G_p = 15\,\text{dB}$ 　(4) $G_v = 6 - 20 = -14$ dB
4.3-4 (1) $A_i = 20$ 　(2) $A_p = 2000$ 　(3) $A_v = 0.25$ 　(4) $A_p = 10 × 1/2 × 1/2 × 1/2 = 1.25$
4.3-5 (1) $G_p = 63\,\text{dB}$ 　(2) $G_v = -8\,\text{dB}$ 　(3) $G_i = 64\,\text{dB}$
4.3-6 $G_v = -6 + 38 - 10 + 10 = 32\,\text{dB}$
4.3-7 10 km（ケーブル 1 km の減衰量 3 dB）
4.3-8 (1) $i_1 = 0.14\,\text{mA}$ 　(2) $v_2 = 50\sqrt{2}$ V 　(3) $G_p = 43\,\text{dB}$

4.4-1 (1) 図 3.14 参照 　(2) a. 温度変化 b. ばらつき c. 動作点 d. 熱暴走 e. 高 f. 150 g. 放熱器 (a, b 順不同)
4.4-2 図 4.27 参照
4.4-3 (1) 自己バイアス回路 　(2) h_{FE} 増, I_C 増, V_{CE} 減, I_B 減, I_C 減. 図 4.30 参照 　(3) $R_C = 5\,\text{kΩ}$, $R_B = 860\,\text{kΩ}$. 式 (4.24), (4.25) 参照 　(4) 図 4.32 参照 　(5) 式 (4.26)～(4.31) 参照 　(6) $G_v = 46\,\text{dB}$

4.5-1 (1) 電流帰還バイアス回路 　(2) カップリングコンデンサ. 直流を流さないようにする. 　(3) バイパスコンデンサ. 信号増幅度を上げる. 　(4) ブリーダ抵抗. ベース電圧を安定にする. 　(5) 図 4.38 参照 (6) a. 0.1～10 m b. よくなる c. 狭くなる d. 2～4 e. よくなる f. 増える g. 10
4.5-2 (1) $R_E = 2.1\,\text{kΩ}$ 　(2) $V_E = 2.1\,\text{V}$ （直流）. 例題 4.2 参照 　(3) 6 V 　(4) $R_C = 4\,\text{kΩ}$ 　(5) $R_1 = 34.3\,\text{kΩ}$, $R_2 = 14\,\text{kΩ}$ (6) 図 4.44 参照 　(7) 式 (4.33) より $A_v = -148$

第 5 章

5.1-1 (1) 図 5.1 参照 　(2) 増幅回路, 電圧比較回路, 加算回路, 発振回路など 　(3) 図 5.3 参照 　(4) NPN トランジスタ, PNP

問題解答 243

トランジスタ，抵抗，コンデンサ　(5) 本文②「利点と欠点」参照
5.1-2　① $Z_{IN} = \infty \Omega$　② $Z_{OUT} = 0 \Omega$　③ $A_0 = \infty$ 倍　④ 式(5.1)より，$V_{IN+} > V_{IN-}$ のとき $V_{out} = \infty$，$V_{IN+} < V_{IN-}$ のとき $V_{OUT} = -\infty$
5.1-3　a. $-\infty \sim \infty$　b. 電源電圧　c. レールツーレール

5.2-1　(1) 解図5.1(a)　(2) 解図5.1(b)　(3) 解図5.1(c)　(4) 解図5.1(d)
$R_1 = 300 \Omega$，$R_2 = 1.8 \text{k}\Omega$，$R_3 = 100 \Omega$，$R_4 = 800 \Omega$

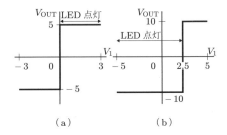

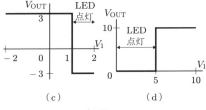

解図5.1

5.3-1　a. 反転入力端子　b. 負帰還　c. 負帰還抵抗　d. 温度変化　e. ひずみ　f. バーチャルショート　g. 高くなる　h. 高くなる　i. 低くなる　j. 低くなる　k. V_2
5.3-2　(1) $V_{OUT} = V_{IN}$　(2) $Z_{IN} = \infty \Omega$，$Z_{OUT} = 0 \Omega$，$A_v = 1$ 倍，用途：バッファ
5.3-3　(1) $V_{OUT} = 11 \text{V}$　(2) 式(5.3)～(5.6)
5.3-4　(1)，(2) 図5.20参照　(3) 図5.21参照
5.3-5　(1) 5 倍，14 dB　(2) 1/2 倍，-6 dB　(3) 1 倍，0 dB　(4) 2 倍，6 dB　(5) 20 倍，26 dB　(6) 2 倍，6 dB　(7) 1 倍，0 dB，図6.12(b)参照
5.3-6　$R_3 = 19 \text{k}\Omega$

5.4-1　(1) 式(5.9)より $I_1 = V_{IN}/R_1$　(2) 式(5.10)より $V_{OUT} = -(R_2/R_1)V_{IN}$　(3) 式(5.7)～式(5.11)参照　(4) 式(5.13)より $Z_{IN} = R_1$
5.4-2　(1)～(3) 図5.31参照　(4) 図5.32参照
5.4-3　(1) $V_{OUT} = -2 \text{V}$，$G_v = 6 \text{dB}$　(2) $V_{OUT} = 3 \text{V}$，$G_v = 10 \text{dB}$　(3) $V_{OUT} = -100 \text{V}$，$G_v = 40 \text{dB}$　(4) $V_{OUT} = -10 \text{V}$，$G_v = 20 \text{dB}$　(5) $V_{OUT} = -1 \text{V}$，$G_v = -6$ dB

5.5-1　(1) 式(5.14)より $V_{OUT} = -(R_3/R_1)V_1 - (R_3/R_2)V_2$　(2) $V_{OUT} = -(V_1 + V_2)$
5.5-2　$R_1 = R_2$，図5.38参照
5.5-3　$R_1 = 1.5 \text{k}\Omega$，$R_3 = 3 \text{k}\Omega$
5.5-4　(1) 式(5.17)，(5.18)より $V_{OUT} = (R_3/R_4+1)V_3$，$V_3 = R_2/(R_1+R_2)V_1 + R_1/(R_1+R_2)V_2$　(2) $R_1 = R_2$，$R_3 = R_4$
5.5-5　(1) 式(5.20)より $V_{OUT} = -(R_1/R_2)V_1 + (R_1/R_2+1)R_4V_2/(R_3+R_4)$　(2) $R_1 = R_2$，$R_3 = R_4$
5.5-6　$V_{OUT} = -V_1 - V_2 + V_3 + V_4$
5.5-7　上から順に 0 V，-1 V，-2 V，-3 V，-4 V，-7 V

第6章

6.1-1　a. 同相入力電圧　b. 単電源用
6.1-2　(a) V_{IN} が V_{ICM} 範囲外のため，V_{OUT} は不明　(b) V_{IN} が V_{ICM} 範囲内のため，正常に動作する．$V_{OUT} = -4 \text{V}$
6.1-3　(a) 図6.5参照　(b) 図6.7参照

6.2-1　(1) $E_1 = 50 \text{mV}$．図6.10参照　(2) オペアンプによっては，入力電圧が V_{ICM} の範囲外になる．E_1 がわずかに変化すると，V_{OUT} のバイアスが大きく変化する．
6.2-2　(1)，(2) 図6.11参照
6.2-3　図6.13参照

6.3-1　(a) 図6.17(a)参照　(b) 図6.17(b)参照
6.3-2　(1) (a) $E_1 = V_2 = 5/3$ V．図6.18参照　(b) $E_1 = V_2 = 50 \text{mV}$　(2) オペアンプによっては，入力電圧が V_{ICM} の範囲外になる．
6.3-3　コンデンサを挿入する．図6.19参照
6.3-4　(1)，(2) 図6.19参照

6.4-1　(1) 図6.25参照　(2) a. HI　b. LO　(3) 表6.1参照

6.4-2 例題 6.1 参照 (1) $V_2 = 2.5$ V (2) 解図 6.1 (3) $V_1 = 0 \sim 2.5$ V (4) $I_1 = 20$ mA

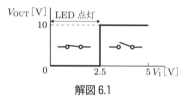

解図 6.1

6.4-3 図 6.32(b) 参照
6.4-4 (1) 図 6.34 参照 (2) 5 秒. 例題 6.2 参照
6.4-5 (1) 解図 6.2(a) または (b)
(2) $R_1 = (V_{CC} - V_D)/I_1 = 1$ kΩ

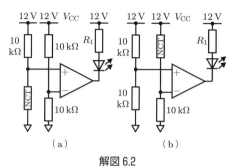

解図 6.2

第 7 章

7.1-1 (1) A：HPF, B：LPF, C：BPF
(2) A：(a), B：(b), C：(c) (3) A：(d) B：(e) C：(f) (4) HPF：$f_{c1} = 1/(2\pi C_1 R_1)$, LPF：$f_{c2} = 1/(2\pi C_2 R_2)$
(5) (a)と(c)左側：6 dB/oct（20 dB/dec）, (b)と(c)右側：-6 dB/oct（-20 dB/dec）
(6) $BW = f_{c2} - f_{c1}$
7.1-2 (1) 式(7.5)～(7.8)参照 (2) 式(7.8)～(7.9)参照 (3) 例題 7.1 参照
7.1-3 (1) 式(7.11)～(7.14)参照 (2) 式(7.14)～(7.15)参照 (3) 例題 7.2 参照
7.2-1 内部雑音によって音質がわるくなることや外部雑音によってシステムに誤動作が起こるのを防ぐ.
7.2-2 図 7.13(b) 参照
7.2-3 (1), (2), (3) 図 7.14(b) 参照
7.2-4 (1), (2), (3) 図 7.15(b) 参照
7.2-5 図 7.16(b) 参照
7.2-6 (1) 式(7.19)～(7.22) (2) 例題 7.3 参照
7.2-7 (1) 式(7.25)～(7.28) (2) 例題 7.4 参照
7.2-8 例題 7.5 参照
7.2-9 図 7.21 参照

第 8 章

8.1-1 (1) 式(8.3)より $E = V_{BE} + R_E h_{FE} I_B$
(2) 式(8.4)より $E = V_D + I_B R_E'$ (3) 式(8.5)より $R_E' = h_{FE} R_E$
8.1-2 (1) (a) $V_B ≒ 5$ V, $V_1 ≒ 4.3$ V
(b) $V_2 = 2.15$ V (c) $V_3 ≒ 4.3$ V (d) $V_4 = 5.7$ V (2) $R_1 = 9$ kΩ
8.1-3 (1) 式(8.7)より $Z_{in} = h_{ie} + h_{fe} R_E$
(2) 式(8.9)より $R_1 = h_{ie}$, $R_2 = h_{fe} R_E$
(3) 式(8.10)より $v_{out} = h_{fe} R_E v_{in}/(h_{ie} + h_{fe} R_E)$ (4) $A_v ≒ 1$
8.1-4 (1) 解図 8.1(a) (2) 解図 8.1(b)
8.1-5 式(8.13)より, $v_2 = -50$ mV, 式(8.14)より $v_3 = -100$ mV

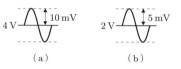

解図 8.1

8.2-1 (1) 図 4.12 参照 (2) 図 8.9 参照
8.2-2 (1) 式(8.15)より $i_b' = v_{out}/h_{ie}$ (2) 式(8.16)より $i_c' = v_{out} h_{fe}/h_{ie}$ (3) 式(8.17)より $R_1 = h_{ie}/h_{fe}$ (4) 式(8.19)より $Z_{OUT} = h_{ie}/h_{fe}$
8.2-3 (1) $Z_{OUT1} = h_{ie}/h_{fe} + R_1$ (2) $Z_{OUT2} = h_{ie}/h_{fe}$ (3) $Z_{OUT3} = ((R_g + h_{ie})/h_{fe}) // R_E$ (4) $Z_{OUT4} = [(R_2 + h_{ie})/h_{fe}] // R_E + R_1$, $R_2 = R_g // R_A // R_B$

第 9 章

9.1-1 (1) a. 三端子レギュレータ b. 出力電流 c. 温度 d. 出力電流 (b, c 順不同)
(2) 図 9.3 参照 (3) $V_{OUT} = 5$ V (4) 発振防止とノイズ除去
9.1-2 (1) 図 1.49 参照 (2) 図 1.51 参照
9.1-3 図 1.54 参照. 式(1.6)より $I_{m1} = 50$ mA
9.1-4 (1) 図 9.5 参照 (2) $I_{m2} = 5$ A. 図 9.6 参照 (3) $V_{OUT} = 4.2$ V. 表 9.1 参照
9.1-5 $I_{m1} = 10$ mA. 図 9.8 参照
9.1-6 (1) $V_{OUT} = 5$ V, $V_2 = 5.7$ V (2)

バーチャルショートより $V_\text{OUT} = V_\text{Z}$ (3)
解図9.1. $I_\text{m2} = 1\,\text{A}$

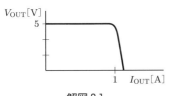

解図9.1

9.1-7 (1) $V_\text{OUT} = 15\,\text{V}$ (2), (3) 図9.9 参照

第10章

10.1-1 (1) 表2.1参照 (2) 図2.2(b)参照
(3) 式(2.1)〜(2.3), 図2.6参照 (4) $V_\text{BE} = 0.6 \sim 0.75\,\text{V}$
10.1-2 (1) 式(10.1)より $I_\text{B} = 10\,\mu\text{A}$ (2) 式(10.2)より $I_\text{C} = 1\,\text{mA}$ (3) 式(10.3)より $I_\text{E} = 1\,\text{mA}$ (4) 式(10.4)より $V_\text{OUT} = 1\,\text{V}$
10.1-3 図10.2参照 (1) $I_\text{B} = 1\,\text{mA}$ (2) $I_\text{C} = 10\,\text{mA}$ (3) $V_\text{OUT} = 10\,\text{V}$ (4) $OD = 10$ 倍. 例題10.2参照
10.1-4 (1) 解図10.1 (2) $R_1 = 200\,\Omega$
(3) $OD \fallingdotseq 6.7$ 倍

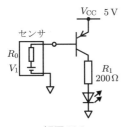

解図10.1

10.1-5 (1) 解図10.2(a) (2) 解図10.2(b)
(3) $V_\text{C} = 3.3\,\text{V}$, $V_\text{E} = 8.7\,\text{V}$ (4) $V_\text{E} = -4.3\,\text{V}$

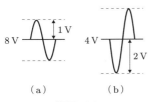

解図10.2

10.1-6 (1) $V_\text{OUT}' = 2.3\,\text{V}$. 図10.6参照
(2) 図10.7(b)参照 (3) 式(10.7)より $i_\text{in} = 10\,\mu\text{A}$ (4) 式(10.8)より $i_\text{b} = -10\,\mu\text{A}$
(5) 式(10.9)より $v_\text{out} = -2\,\text{V}$ (6) 式(10.10)より $A_\text{v} - 100$ 倍 (7) 解図10.3

解図10.3

10.2-1 (1), (2) 図10.13参照 (3), (4) 表10.2参照
10.2-2 (1), (2), (3) 図10.15参照
10.2-3 (1), (2) 図10.18参照 (3) $A_\text{v} = 1$ 倍, 式(10.15)より $A_\text{p} = 10$ 倍
10.2-4 解図10.4

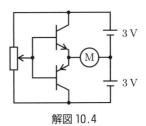

解図10.4

第11章

11.1-1 (1) ① 式(11.1)より $v_2/v_1 = n_2/n_1$
② 式(11.2)より $i_2/i_1 = n_1/n_2$ (2) 式(11.4)〜(11.5)参照
11.1-2 (1) $i_1 = 0.1\,\text{mA}$, $i_2 = 1\,\text{mA}$, $v_1 = 1\,\text{V}$, $v_2 = 0.1\,\text{V}$, $R_1 = 10\,\text{k}\Omega$ (2) $v_2 = -4\,\text{V}$ (3) $v_2 = 1\,\text{V}$ (直流成分は出力されない) (4) $v_2 = 0.2\,\text{V}$
11.1-3 (1) 図11.5(b)参照. ここで $R_1 = 16\,\text{k}\Omega$. 式(11.6)より $f_0 = 0.8\,\text{MHz}$ (2) $v_1 = 16\,\text{V}$ (3) 図11.6(a)参照. ここで $i_1 R_1 = 16\,\text{V}$ (4) 式(11.8)より $Q = 8$ (5) 式(11.9)より $BW = 100\,\text{kHz}$ (6) 図11.6(a)参照. ここで $i_1 R_1 n_2/n_1 = 4\,\text{V}$ (7) レベル：大きくなる. BW：狭くなる

11.2-1 (1) 300 Hz：$\lambda = 1000\,\text{km}$, 300 MHz：$\lambda = 1\,\text{m}$ (2) 300 Hz：500 km, 300 MHz：0.5 m (3) 音声信号のアンテナはたいへん長くしないといけないため (4) 音声信号を高周波信号で変調する. 図11.10参照

11.2-2 (1) A (2) F (3) D (4) A (5) F (6) D (7) A (8) F (9) D (10) D (11) A (12) A (13) F, D

11.2-3 (1), (2) 図 11.12 参照

11.2-4 (1), (2), (3) 図 11.13(a)参照 (4) 式(11.12), (11.13)参照 (5) 図 11.13(b)参照 (6) 信号の振幅が大きいと側波のレベルが大きくなる。周波数が高いと側波は搬送波より離れる (7) AM 波の占有帯域幅が広がり, ほかの局の妨害波となる

11.2-5 (1) 式(11.14)より $m = 80\%$ (2), (3) 図 11.14 参照 (4) $v_{AM} = A(1 + m \cos \omega_s t) \cos \omega_c t$

11.3-1 (1) ① 音声信号 ② 加算器 ③ 整流器 ④ 共振器 (2) 図 11.21 参照

11.3-2 (1), (2) 図 11.22 参照

11.3-3 図 11.23, 11.24, 式(11.16)参照

11.3-4 (1) 図 11.25 参照 (2) i_c は図 11.25 の i_b を h_{fe} (100) 倍した値。図 11.26 参照

11.3-5 (1) 図 11.26 参照 (2) 式(11.18)より $i_{AM} = A \cos \omega_c t + 0.5B[\cos (\omega_c + \omega_s)t + \cos (\omega_c - \omega_s)t]$, 式(11.19)より $i_2 = A + B \cos \omega_s t$ (3) 図 11.27 参照。ここで, $A = 0.75$ mA, $B = 0.5$ mA. BPF で高周波成分を取り出す.

11.3-6 (1) 図 11.28(b)参照 (2) 式(11.6)より $f_0 = 1/(2\pi\sqrt{L_1 C_1}) = 1$ MHz (3), (4) 図 11.29 参照。ここで, $R_1 i_c = 10$ V, $AR_1 = 7.5$ V, $BR_1/2 = 2.5$ V (5) 式(11.20)より $v_1 = R_1 i_{AM}$. 図 11.30 参照 (6) 式(11.21)より $v_2 = v_i/10$. 図 11.30 を $AR_1 = 0.75$ V, $BR_1 = 0.5$ V とした波形

11.3-7 (1), (2) 図 11.31 参照 (3) 降下電圧が小さいため, 小信号の AM 波を復調できるから

第 12 章

12.1-1 コンピュータクロック, 時計クロック, 搬送波など.

12.1-2 (1) 位相条件: 式(12.2)より $\angle v_{in} = \angle v_\beta$, 振幅条件: 式(12.3)より $v_{in} < v_\beta$ (2) 式(12.4)～(12.5)参照 (3) 増幅回路の最大出力電圧範囲で制限されるため

12.1-3 (1) 図 12.4 参照 (2) 式(12.8)より $f_{osc} = 1/(2\pi\sqrt{LC})$

12.2-1 (1) 電流帰還バイアス回路. 図 12.10(a)参照 (2) 図 12.11(a)参照 (3) 図 12.12 参照 (4) 図 12.13(b)参照 (5) 式(12.10)より $v_{out} = -Ri_c$ (6) 図 12.14 参照 (7)式(12.17)より $f_{osc} = 1/(2\pi\sqrt{L_1 C})$, $C = C_1 C_2/(C_1 + C_2)$

12.2-2 (1) 図 12.16 参照 (2) 図 12.17 参照 (3) 図 12.18 参照

12.2-3 (1) 図 12.20 参照 (2) 図 12.21 参照

12.3-1 (1) 図 12.25(b)参照 (2) 図 12.26(b)参照

12.3-2 (1) 図 12.28 参照 (2) 式(12.20)より $T_b = CR \ln(V_P/V_N)$ (3) 式(12.25)より $T_a = CR \ln(V_{DD} - V_N)/(V_{DD} - V_P)$ (4) 式(12.26)より $T = CR \ln(V_P(V_{DD} - V_N)/(V_N(V_{DD} - V_P)))$, 式(12.27)より $f_{osc} = 1/T$

第 13 章

13.1-1 (1) 図 13.2 参照 (2) 図 13.4 参照 (3) 図 13.5 参照 (4) 図 13.6(a)参照 (5) $R_{DS(ON)} = 2$ Ω. 例題 13.1 参照 (6)図 13.7(a)参照

13.2-1 (1) 図 13.10 参照 (2) 図 13.11 参照 (3) 図 13.9 参照 (4) ゲートがオープンのときに GND の電位を 0 V とする (5) 図 13.12 参照 (6) 式(13.3), (13.4)より $V_{DS(ON)} = 20$ mV. 式(13.6)より $P_D = 0.2$ mW (7) スイッチング速度が速い, 飽和電圧が小さい, 電力損失が少ない, 駆動電力が少ない

13.2-2 (1) $R_G = 2$ MΩ, $R_D = 800$ Ω (2) 解図 13.1

解図 13.1

13.2-3 表 13.1 参照

索 引

■ 英 数

1 次側　194
2 次側　194
AB 級増幅回路　186
AB 級プッシュプル電力増幅回路　189
AM　199
AND 回路　29
A 級増幅回路　186
BPF　145, 153, 156
B 級増幅回路　187
B 級プッシュプル電力増幅回路　187
dB　85
FET　230
FM　199
f_T　36
h_{FE}　35
h_{fe}　74, 95
h_{ie}　74
h_{oe}　75
HPF　145, 147, 152
h_{re}　75
h パラメータ　74
H ブリッジ　236
I_B　35
I_C　35
I_D　231
I_E　35
I_F　3
I_G　231
I_R　3
I_S　231
LC 発振回路　215
LED　45
LPF　144, 146, 152
MOS FET　230
NAND 回路　48
NOR 回路　47
NOT 回路　47
NPN トランジスタ　34
N チャンネル型　230
OR 回路　29

PNP トランジスタ　34, 180
P チャンネル型　230
Q　196
RC 発振回路　215
RC フィルタ　144
$R_{DS(ON)}$　232
V_{BE}　36
V_{CE}　37, 42
$V_{CE(sat)}$　43
V_D　11
V_{DS}　230
V_F　3
V_{GS}　230
V_{ICM}　124
V_R　3
V_Z　23

■ あ 行

アナログスイッチ　7
アノード　2
安定度　65
位相条件　215
位相補償コンデンサ　136
イマジナリーショート　107
インバータ　222
ウィンドコンパレータ　137
エミッタ　34
エミッタ抵抗　94
エミッタ電流　35
エミッタフォロア　161, 181
演算増幅器　100
応答速度　136
オクターブ　145
オーバードライブ　43, 181
オープンコレクタ　136
オペアンプ　100
オン抵抗　231
温度係数　22, 64

■ か 行

外部雑音　151
重ね合わせの理　91

加算回路　117
仮想ショート　107
カソード　2
カットオフ周波数　145
カップリングコンデンサ　69, 95
過渡現象　139, 226
過度特性　139, 226
過変調　203
緩衝増幅器　107
帰還回路　214
帰還電圧　214
帰還率　214
逆接続保護回路　28
逆方向　3
逆方向特性　3
共振周波数　195
共振特性　195
極性　195
近似特性　39
駆動電力　236
クリップ　31
ゲイン　85
結合コンデンサ　69
ゲート　230
ゲート・ソース間電圧　230
ゲート抵抗　234
ゲート電流　231
減算回路　119
減衰傾度　145
降下電圧　11
公称周波数　220
降伏電圧　3
交流負荷　69
交流負荷線　71
固定バイアス回路　65, 89
固定バイアス増幅回路　65
コルピッツ発振回路　218
コレクタ　34
コレクタ・エミッタ間電圧　37, 42
コレクタ・エミッタ間飽和電圧　43
コレクタ損失　90

コレクタ抵抗　40
コレクタ電流　35
コレクタ同調型 LC 発振回路
　215
コレクタバイアス電流　64
コンパレータ　135

■ さ 行

最大出力電流　25
サージノイズ　21
三端子レギュレータ　172
閾値　104，225
閾値電圧　231
自己バイアス回路　90
自己バイアス増幅回路　89，
　91
時定数　139
遮断周波数　145
周波数変調　199
出力アドミッタンス　75
出力インピーダンス　80，82，
　101
出力動作範囲　102
出力特性　231
シュミットトリガ・インバー
　タ　225
順方向　2
順方向特性　3
小信号電流増幅率　74
小信号等価回路　79，91，96，
　183
ショットキーバリアダイオー
　ド　3
シリコンダイオード　3
振幅　15
振幅条件　215
振幅特性　144，146，147，
　154，155
振幅変調　199
振幅変調回路　205
振幅変調器　205
水晶振動子　220
水晶発振回路　215，220
スイッチング回路　42，233
スイッチング作用　3

スイッチング速度　235
スイッチング動作　42，180
スペクトル　202，208
スルーレート　136
正帰還　214
静特性　3，36
整流回路　15
整流作用　3
セラミック発振子　220
線形素子　4
線形特性　4
線形領域　231
占有帯域幅　202
総合増幅度　86
総合利得　86
増幅回路　58，182
増幅器　35
増幅度　81，91，96，108，
　113，183，189
側波　202
ソース　230
ソース電流　231

■ た 行

帯域幅　196
ダイオード　2
ダイオードの近似モデル　10
ダイオードの等価回路　11
タイプ　36
タイマー回路　138
立ち上がり電圧　3
単電源用オペアンプ　125
直流電流増幅率　35
直流負荷線　58
ツェナーダイオード　23
ツェナー電圧　23
ディケード　145
ディジタル変調　200
ディスクリートタイプ　2
定電圧回路　21，172
デシベル　85
テブナンの定理　51
電圧帰還率　75
電圧増幅度　59，80
電圧比較回路　104

電圧利得　85
伝達特性　231
電流帰還バイアス回路　94
電流帰還バイアス増幅回路
　80，94
電流制限抵抗　22，24，25
電流増幅度　80
電流利得　85
電力増幅回路　179
電力増幅度　80
電力損失　235
電力利得　85
等価回路　79，231
等価抵抗　51
等価電源　51
動作点　59
同相入力電圧範囲　124
動特性　6
トランジション周波数　36
トランジスタ　34
トランス　194
ドレイン　230
ドレイン・ソース間電圧
　230
ドレイン電流　231

■ な 行

内部雑音　151
入力インピーダンス　74，80，
　82，101，114，194
熱暴走　89
ノイズ　21，151

■ は 行

バイアス　6，51
バイパスコンデンサ　94，172
ハイパスフィルタ　145
バイポーラトランジスタ　33
白色雑音　151
バーチャルショート　107
波長　199
発光ダイオード　45
発振回路　214
発振周波数　216，220，227

発振条件　215
バッファ　107, 164
ハートレー発振回路　218
パルス発振回路　226
搬送波　200
反転増幅回路　113, 131
反転入力端子　100
バンドパスフィルタ　145
半波整流回路　15
比較回路　135
ピークツーピーク　59
ピーク電圧　15
ひずみ波　5
非線形素子　4
非線形特性　4
非反転増幅回路　108, 128
非反転入力端子　100
表面実装タイプ　2
品番　36
フィードバック　106
フィルタ回路　143
負帰還　106

負帰還抵抗　106
復調回路　209
復調波　203
プッシュプル電力増幅回路
　186
ブリーダ抵抗　94
ブリーダ電流　95
ブリッジ回路　16, 29
平滑コンデンサ　15
ベース　34
ベース・エミッタ間電圧　36
ベース抵抗　39
ベース電流　35
ベース変調方式　205
変圧器　194
変調　199
変調度　202
包絡線　203
包絡線検波　209
飽和電圧　43, 234
飽和領域　37, 231
ボルテージフォロア　107

ホワイトノイズ　151

■ ま 行

モータ駆動回路　236

■ や 行

誘導性リアクタンス　219
容量性リアクタンス　219

■ ら 行

ランク　36
理想オペアンプ　102
理想ダイオード　10
リップル　16
利得　85
リミッタ回路　30
両電源用オペアンプ　124
レールツーレール　102
ローパスフィルタ　144

著 者 略 歴

辻　正敏（つじ・まさとし）
1986 年　愛知工業大学電子工学科卒業
1991 年　アイコム株式会社入社
1998 年　ローム株式会社入社
1999 年　オプテックス株式会社入社
2006 年　立命館大学大学院理工学研究科総合理工学専攻博士課程後期修了
2007 年　高松工業高等専門学校電気情報工学科講師
2009 年　香川高等専門学校電気情報工学科教授
　　　　　現在に至る
　　　　　博士（工学）

編集担当　加藤義之(森北出版)
編集責任　藤原祐介・石田昇司(森北出版)
組　版　コーヤマ
印　刷　丸井工文社
製　本　同

設計のための基礎電子回路　　　　　　　　Ⓒ 辻 正敏　2017

2017 年 9 月 29 日　第 1 版第 1 刷発行　　**【本書の無断転載を禁ず】**
2021 年 7 月 30 日　第 1 版第 2 刷発行

著　者　辻　正敏
発 行 者　森北博巳
発 行 所　森北出版株式会社
　　　　　東京都千代田区富士見 1-4-11 （〒102-0071）
　　　　　電話 03-3265-8341／FAX 03-3264-8709
　　　　　https://www.morikita.co.jp/
　　　　　日本書籍出版協会・自然科学書協会　会員
　　　　　JCOPY ＜(一社)出版者著作権管理機構 委託出版物＞

落丁・乱丁本はお取替えいたします.

Printed in Japan／ISBN978-4-627-76141-4